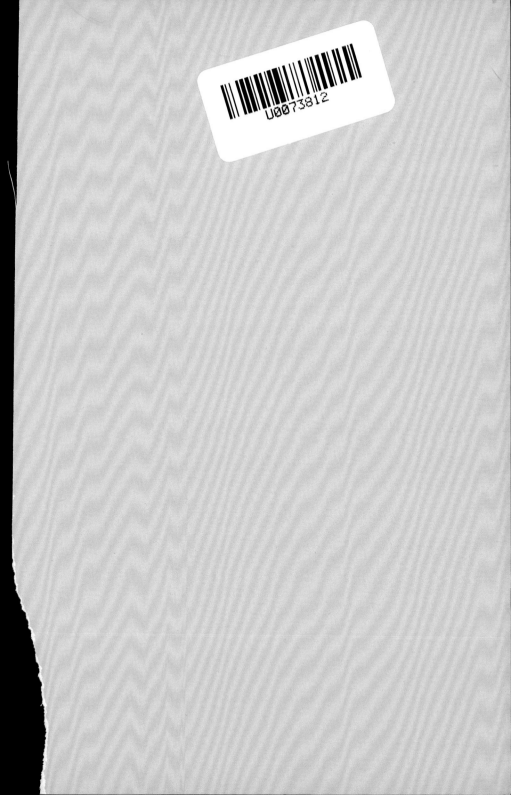

120種主要礦物×400張高清圖片
專家教你用放大鏡和條痕顏色鑑定礦物

礦物圖鑑事典

Encyclopedia for   mineral identification

松原 聰／著　劉宸瑀、高詹燦／譯

前言

　　筆者高中時第一次去了岐阜縣蛭川村（今中津川市蛭川），此後便多次拜訪當地。當時人們為了開採花崗岩開闢了不少採石場。岩石中有許多空洞或粗粒的部分（偉晶岩）並不適合當石材，這種石料幾乎都會被丟掉，所以事先取得採石場人員同意後便能自由採集礦物。大顆的黑水晶、鉀長石、黃玉通常會先被採石場的人注意到而撿走，因此我們可以採集到的是比較小的晶體。儘管如此，也還是可以蒐集到長約10公分左右的黑水晶或鉀長石的巴維諾雙晶等礦物；在極其罕見的情況下，甚至能找到3到4公分以下的黃玉。除此之外，當時我的目光只追著一些容以辨認的礦物跑，像是六方板狀的鐵鋰雲母晶體、淡綠色的小巧螢石、藍綠色的綠柱石等，從未採集過自己不知道的礦物。如今想來，雖然那時我對各式各樣的礦物感興趣（包括新礦物），但對它們「是什麼」卻僅有一個模糊的概念，並未進一步地深入研究。

　　近來有非常多的礦物相關圖鑑出版，其中也有些書裡滿載美麗的晶體照片，單單看著就很享受。這種類似藝術書籍的著作是令眾人了解礦物魅力的最佳選擇，然而書中收錄的晶體礦石卻不是一些普通人可以在野外採集到的產物（可能可以用買的）。儘管這一點取決於我們如何看待圖鑑的使命，但就筆者自身高中至今的經驗來說，我認為圖鑑應該多少要能回答我對自己採集來的礦物「是什麼」的疑問。如果是出於興趣研習礦物，那最基本的就是具備以肉眼判斷礦物種類的鑑定能力，而這種鑑定能力的高低必然建立在「了解礦物的形成過程及各種特性」上。

　　本書以這些有用的知識為主軸，同時收錄了許多迄今出版的圖鑑書都未曾寫到的資訊。「了解是一種樂趣，為此付出的努力也是一種樂趣」──若各位能這麼想，將是我的榮幸。還有，我們在編寫第二版時增添了在日本發現的新型礦物介紹。相信這對那些對礦物感興趣的人而言也有很大的參考價值。

2021年　盛夏

松原　聰

礦物圖鑑事典

120 種主要礦物 ×400 張高清圖片，
專家教你用放大鏡和條痕顏色鑑定礦物

Encyclopedia for mineral identification

Contents

第 I 章　著手開始肉眼鑑定

第 II 章　礦物種類研究

第 **III** 章　礦物圖鑑

第 VI 章　簡易礦物化學

第 VII 章　在日本發現的新品種礦物

◆ 本書各章閱讀重點 ◆

◆想了解人與礦物之間的關係 ➡ 第Ⅰ章

礦物作為地球之主，早在人類誕生的很久以前便已存在。礦物到底是由什麼物質構成的呢？就讓我們一起了解礦物與地球之間的關係，以及礦物與人之間的關係吧。

◆想研究礦物的種類 ➡ 第Ⅱ章

了解礦物的種類和命名方式，肉眼鑑定的基礎知識與實際應用，肉眼鑑定必備器具的使用方式，肉眼鑑定所需的礦物特性等知識。

◆想探究礦物的形成過程與性質 ➡ 第Ⅲ章

介紹113種具代表性的礦物。礦物之美可說是一種藝術領域，而要可以用肉眼辨識礦物的種類，就必須要擁有礦物的鑑定能力。因此也有必要去了解礦物的形成過程和各式各樣的特性。

◆想探究礦物的形成過程與性質 ➡ 第Ⅳ章

由於各種各樣的環境變化，導致世上存在一些獨特的礦物。透過這一章，明白與礦物有關的火成活動、偉晶岩、熱液、火山噴氣、沉積、沉澱、區域變質、接觸變質、綠岩變質、大氣作用等反應，以及礦物的共生和共存。

◆想研習礦物相關晶體 ➡ 第Ⅴ章

只要礦物在自由的空間生長，便會形成該礦物獨有的外形。原子規律排列的物質稱為晶體。本章可了解礦物相關的晶體形狀與對稱、原子組態以及原子組態特有的對稱性等知識。

◆想學習礦物的化學知識 ➡ 第Ⅵ章

天然存在的元素多半是從礦物裡發現的。讓我們從礦物與元素的關係，原子和元素、電子的作用，構成礦物的主要元素還有化學鍵等觀點來了解礦物。

◆想知道在日本發現的新種礦物　　　　　　　➡ 第Ⅶ章

在由複雜地質地體組成的日本列島上，發現了什麼樣的新品種礦物（新礦物）呢？可藉由本章了解這些礦物的產狀與地質體之間的關係。

◆ 如何閱讀本書 ◆

本書第Ⅲ章將針對具代表性的礦物介紹其特徵、性質，還有與礦物息息相關的軼聞軼事、礦物名稱的由來等有趣的內容。

◆從基本資料了解礦物特徵

本書介紹每種礦物的基本資料（見後述），如下：

❶礦物名稱	❷英文名稱	❸化學式	❹晶系	❺比重	❻解理
❼光澤	❽硬度	❾磁性	❿晶面	⓫條紋	⓬顏色
⓭條痕顏色	⓮解說	⓯標本照片			

◆了解礦物的分類方法

除了開頭列出的幾項資料欄外，還可以利用每一頁的索引查找各礦物的分類名稱。

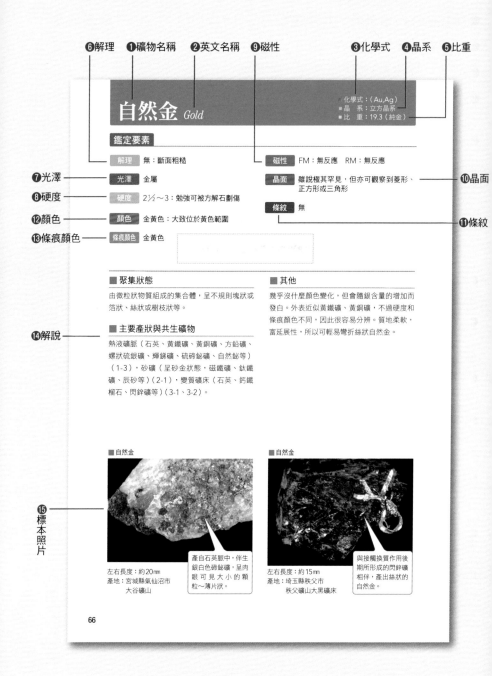

❻解理 **❶礦物名稱** **❷英文名稱** **❾磁性** **❸化學式** **❹晶系** **❺比重**

自然金 *Gold*

化學式：(Au,Ag)
晶　系：立方晶系
比　重：19.3（純金）

鑑定要素

| 解理 | 無：斷面粗糙 |

| 磁性 | FM：無反應　RM：無反應 |

❼光澤 光澤 金屬

❽硬度 硬度 2½～3：勉強可被方解石劃傷

❿晶面 晶面 雖說極其罕見，但亦可觀察到菱形、正方形或三角形

⓫條紋 條紋 無

⓬顏色 顏色 金黃色：大致位於黃色範圍

⓭條痕顏色 條痕顏色 金黃色

■ 聚集狀態

由微粒狀物質組成的集合體，呈不規則塊狀或箔粒、絲狀或樹枝狀等。

■ 主要產狀與共生礦物

熱液礦脈（石英、黃鐵礦、黃銅礦、方鉛礦、螺狀硫銀礦、輝銻礦、硫碲鉍礦、自然鉍等）（1-3），砂礦（呈砂金狀態，磁鐵礦、鈦鐵礦、辰砂等）（2-1），變質礦床（石英、鈣鐵榴石、閃鋅礦等）（3-1、3-2）。

■ 其他

幾乎沒什麼顏色變化，但會隨銀含量的增加而發白。外表近似黃鐵礦、黃銅礦，不過硬度和條痕顏色不同，因此很容易分辨。質地柔軟，富延展性，所以可輕易彎折絲狀自然金。

⓮解說

■ 自然金

左右長度：約20mm
產地：宮城縣氣仙沼市
　　　大谷礦山

產自石英脈中，伴生銀白色碲鉍礦，呈肉眼可見大小的顆粒～薄片狀。

■ 自然金

左右長度：約15mm
產地：埼玉縣秩父市
　　　秩父礦山大黑礦床

與接觸換作用後期所形成的閃鋅礦相伴，產出絲狀的自然金。

⓯標本照片

66

❶ 礦物名稱 礦物的中文名稱。日文原名（和名）循《日本出產的礦物種（2013年版）》（暫譯）所載。

❷ 英文名稱 國際礦物學協會（IMA）受學術認可的資料庫中所登記的英文名。

❸ 化學式 表示該礦物的元素種類和比例。此外，有些礦物擁有固定的化學式。

❹ 晶系 根據礦物的原子排列方式，以及以其排列方式推導出來的形態對稱性來分類。
➡參照第Ⅴ章

❺ 比重 顯示其重量是相同體積的水的幾倍。密度以每 1cm³（立方公分）的重量（公克）表示，單位為 g/cm³。水的密度約為 1g/cm³，因此密度拿掉單位後的數值跟比重幾乎一樣。

❻ 解理 晶體以特定方向呈平面開裂的性質，此特性有助於識別礦物的種類。
➡參照第Ⅱ章

❼ 光澤 光照在礦物上時看起來是什麼樣子？例如金屬、樹脂或絲絹光澤等等。因為這項數據無法量化，所以會用眾所周知的物質做比喻。
➡參照第Ⅱ章

❽ 硬度 透過莫氏硬度表示礦物硬度的數值，是一種客觀判斷硬度的標準。數值愈大就愈硬。
➡參照第Ⅱ章

❾ 磁性 若拿礦物靠近磁鐵，當礦物被磁鐵吸引時，代表該礦物有很強的磁性。一般是指被鐵磁體磁鐵穩穩吸住的礦物，但其種類有限；而被稀土磁鐵吸引的礦物則是相當多。
➡參照第Ⅱ章

❿ 結晶面 如果可以觀察到晶面，便能推斷出該礦物的晶系，藉此成為鑑定的重要線索。
➡參照第Ⅱ章

⓫ 條紋 意指從實際的晶體上觀察到的平行條狀紋理。條紋是在晶體生長過程中反覆形成的細微晶面，或是在雙晶反覆構成中形成的產物。
➡參照第Ⅱ章

⓬ 顏色 這裡的顏色是指在塊狀狀態下觀察到的顏色，有時會因晶粒的大小等差異而看起來不太一樣。
➡參照第Ⅱ章

⓭ 條痕顏色 條痕顏色是礦物化作粉末時的顏色，能藉此觀察到該礦物獨有的色澤。
➡參照第Ⅱ章

⓮ 解說 介紹該礦物的特徵，或是它如何形成等資訊。關於（1-3）、（2-1）等產狀分類，請參照第Ⅳ章。

⓯ 標本照片 展示礦物的標本照片及其特徵。同時註記辨識該礦物的關鍵重點及尺寸等內容。

元素週期表

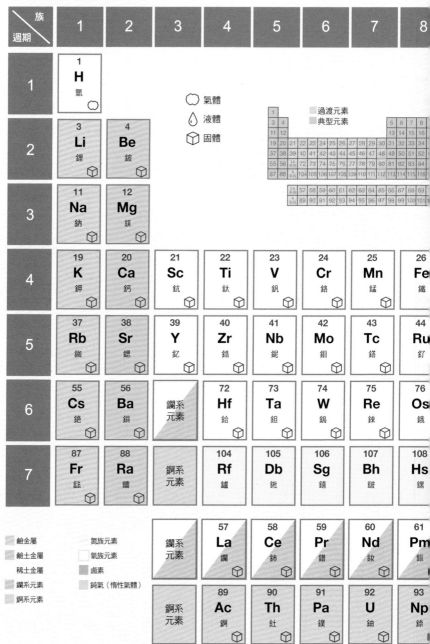

族 週期	1	2	3	4	5	6	7	8
1	1 **H** 氫							
2	3 **Li** 鋰	4 **Be** 鈹						
3	11 **Na** 鈉	12 **Mg** 鎂						
4	19 **K** 鉀	20 **Ca** 鈣	21 **Sc** 鈧	22 **Ti** 鈦	23 **V** 釩	24 **Cr** 鉻	25 **Mn** 錳	26 **Fe** 鐵
5	37 **Rb** 銣	38 **Sr** 鍶	39 **Y** 釔	40 **Zr** 鋯	41 **Nb** 鈮	42 **Mo** 鉬	43 **Tc** 鎝	44 **Ru** 釕
6	55 **Cs** 銫	56 **Ba** 鋇	鑭系元素	72 **Hf** 鉿	73 **Ta** 鉭	74 **W** 鎢	75 **Re** 錸	76 **Os** 鋨
7	87 **Fr** 鍅	88 **Ra** 鐳	錒系元素	104 **Rf** 鑪	105 **Db** 𨧀	106 **Sg** 𨭎	107 **Bh** 𨨏	108 **Hs** 𨭆

氣體
液體
固體

過渡元素
典型元素

鑭系元素	57 **La** 鑭	58 **Ce** 鈰	59 **Pr** 鐠	60 **Nd** 釹	61 **Pm** 鉕
錒系元素	89 **Ac** 錒	90 **Th** 釷	91 **Pa** 鏷	92 **U** 鈾	93 **Np** 錼

鹼金屬
鹼土金屬
稀土金屬
鑭系元素
錒系元素

氮族元素
氧族元素
鹵素
鈍氣（惰性氣體）

產狀概圖

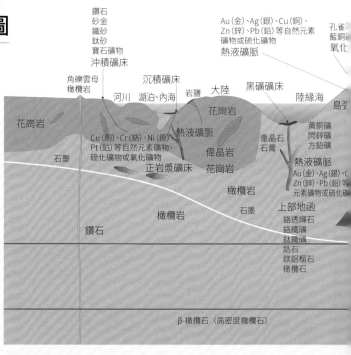

鑽石
砂金
鐵砂
鈦砂
寶石礦物
沖積礦床

Au（金）、Ag（銀）、Cu（銅）、
Zn（鋅）、Pb（鉛）等自然元素
礦物或硫化礦物
熱液礦脈

孔雀
藍銅
氧化

角礫雲母
橄欖岩

沉積礦床

河川　湖泊、內海　岩鹽　大陸

黑礦礦床

陸緣海

島弧

花崗岩

花崗岩

花崗岩

黃銅礦
閃鋅礦
方鉛礦

石墨

Cu（銅）、Cr（鉻）、Ni（鎳）、
Pt（鉑）等自然元素礦物、
硫化礦物或氧化礦物

熱液礦脈

正岩漿礦床

偉晶岩

花崗岩

重晶石
石膏

熱液礦脈
Au（金）、Ag（銀）、C
Zn（鋅）、Pb（鉛）等
元素礦物或硫化礦

橄欖岩

鑽石

橄欖岩

石墨

上部地函
鉻透輝石
鉻鐵礦
鈦鐵礦

鋯石
鎂鋁榴石
橄欖石

β-橄欖石（高密度橄欖石）

產狀	特徵
火成岩	岩漿冷卻凝固後在岩石中生成的產物。可大致分為深成岩與火山岩兩種：**深成岩**在地下深處緩緩凝固，**火山岩**則是於地表附近快速冷卻成固體。意指在上述兩者之中均能發現的礦物。
深成岩	在火成岩裡，尤其是深成岩內發現的礦物。
火山岩	在火成岩裡，尤其是火山岩內發現的礦物。
熱液礦脈	從岩石裂縫等處湧出的熱液冷卻後形成礦物，在這種礦物生成的地方可發現許多的金屬礦物或石英。富含有利益的礦物，具開採價值的地方稱為**熱液礦床**。
偉晶岩	當深成岩冷卻凝固時，大量無法滲入普通造岩礦物之中的化學成分等揮發性成分在岩石裡呈脈狀或透鏡狀凝固形成的產物。這種岩體常見於花崗岩上，有時也會伴隨著晶粒較大的石英、長石或雲母，產出綠柱石、電氣石、黃玉和螢石等礦物，是美麗晶體與珍貴礦物的寶庫。
沉積岩	由外來礦粒或岩石碎片堆積組成的岩石。此處展示了未經蝕變就直接殘留的礦物，這種礦物很耐風化。
沉積物	此處展現在礫石層裡發現的耐風化礦物，這些礦物尚未固結成塊。如鑽石、藍寶石、尖晶石、砂金、鐵砂（磁鐵礦、鈦鐵礦等）及其他。

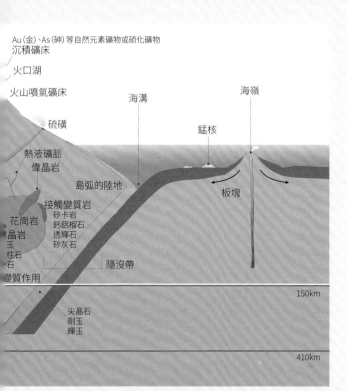

Au（金）、As（砷）等自然元素礦物或硫化礦物
沉積礦床
火口湖
火山噴氣礦床
　　　　　　　　　　海溝　　　　　　　　　海嶺
硫磺
　　　　　　　　　　　　　錳核
熱液礦脈
偉晶岩
　　　島弧的陸地　　　　　　　　　　板塊
接觸變質岩
　　矽卡岩
花崗岩　鈣鋁榴石
晶岩　透輝石
玉　　矽灰石
柱石
石　　　　隱沒帶
變質作用
　　　　　　　　　　　　　　　　　　　150km
尖晶石
剛玉
輝玉
　　　　　　　　　　　　　　　　　　　410km

產狀	特徵
蒸發岩	水在內海或湖泊中蒸發後，鹽類成分沉澱下來形成礦物。像岩鹽層就是一個很好的例子。
變質岩	既已存在的岩石等物質會因為壓力或溫度提高而變質。有時這個過程會創造出另一種礦物，或是改變礦物本身的組織結構。這種岩石稱作變質岩。廣範圍變質作用的結果是區域變質岩，此種變質岩以片麻岩和結晶片岩為主。與岩漿接觸的部分變質稱為接觸變質岩。如果原來的岩石有很多金屬成分，變質岩裡就會形成礦床。日本有層狀含銅硫化鐵礦床（Kieslager，如別子礦山、日立礦山等）、變質錳礦床（如大和礦山、御齋所礦山等）及其他種類的礦床。另外，蛇紋岩是橄欖岩加水變質而成，因此被視為一種變質岩。
矽卡岩	若變質的岩石富含鈣或鎂（如石灰岩或白雲岩），此時以變質後的鈣或鎂為主成分的矽酸鹽礦物叫作矽卡岩礦物。例如鈣鋁榴石、符山石、斧石、透輝石、矽灰石等等。若有益金屬礦物在此齊聚一堂，便稱為矽卡岩礦床。像是釜石礦山、神岡礦山等。
氧化帶	於地下形成的礦物在靠近地表處暴露在雨水或空氣中時，會因化學變化而分解，並轉換成另一種礦物。可從中發現金屬氧化物、氫氧化物、碳酸鹽、硫酸鹽及磷酸鹽等礦物。

分類

　　現時主要普及的分類法是基於化學結構和晶體構造做分類。本書亦以化學結構來分類。讓我們一起來了解下方各個分類的特徵吧。

類別	特徵	主要礦物
自然元素礦物	主成分（不是透過置換作用等因素形成的微量成分，而是該礦物的本質成分）為單一元素的礦物。	鑽石、石墨
硫化礦物	硫磺與金屬結合而成的化合物，硫化物的礦物。地殼裡存在多樣的物種，局部富集後形成礦床，生成金屬資源。	黃銅礦、方鉛礦
氧化礦物	氧（含有氫氧離子 $(OH)^-$）與陽離子結合而成的礦物，除了含氧酸鹽（比如那些含有 CO_3、SO_4、PO_4、SiO_4 的物質）以外的礦物。	剛玉、尖晶石
鹵化物礦物	以氟、氯等鹵素為主成分結合而成的礦物。包含鹵素與氫氧離子兩者的礦物（如氯銅礦）也歸類於此。	螢石、岩鹽
碳酸鹽礦物	由碳酸鹽離子 $[(CO_3)^{2-}]$ 組成的礦物，碳酸鹽離子的三角形中心配置碳 (C)，三個頂點則是氧 (O)。	方解石、白雲石、霰石
硼酸鹽礦物	硼酸離子有兩種，有跟碳酸鹽離子一樣在三角形的三個頂點配置氧 (O) 的 $(BO_3)^{3-}$，以及像硫酸根離子、磷酸根離子、矽酸鹽離子這樣在四面體的四個頂點配置氧 (O) 的 $(BO_4)^{5-}$。	逸見石、鈉硼解石（電視石）
硫酸鹽礦物	以四面體配位的硫酸根離子 $[(SO_4)^{2-}]$ 為主成分的礦物。	石膏、重晶石
磷酸鹽礦物	以四面體配位的磷酸根離子 $[(PO_4)^{3-}]$ 為主成分的礦物。將磷 (P) 置換為砷 (As) 的砷酸鹽礦物，以及用釩 (V) 置換的釩酸鹽礦物也歸類於此。	藍鐵礦、磷灰石
矽酸鹽礦物	其特徵是 SiO_4 四面體，這種以晶體結構的基本元素矽 (Si) 為主軸的正四面體，其上各個頂點均配置氧 (O)。	石榴石、普通輝石、白雲母
有機礦物	由以碳為主體的有機化合物分子所組成的礦物。	尿酸石等

光澤

　　礦物表面遇光時的光輝質感（潤澤）稱為「**光澤**」。礦物會因種類的不同而有獨特的光澤，所以這一點對肉眼觀察的幫助不在少數。

　　礦物的光澤取決於光線的反射率、折射率、透明度等表面狀態的特性，這種數據無法量化，因此多半會以常見物質或礦物來比喻，像是金屬光澤、鑽石（金剛）光澤之類的。其他種類的光澤還有玻璃光澤、樹脂光澤、脂肪光澤、珍珠光澤、絲絹光澤及土狀光澤等。

　　光澤不像硬度和名稱一樣有國際標準，而是每一種都有自己獨自的類別。下表即為部分例子。詳細資訊請參照 P.42。

光澤	特徵	主要礦物
金屬光澤	像不透明礦物的光滑表面受到強烈光照反射出來的光線。	黃銅礦、磁鐵礦
鑽石（金剛）光澤	呈透明或半透明，光線折射率高。	鑽石、閃鋅礦
玻璃光澤	呈透明或半透明，光線折射率中等。	石英、黃玉、綠柱石
樹脂光澤	類似塑膠或黑漆般的平滑光澤。	自然硫、蛋白石
脂肪光澤	如同塗上清漆或油脂的光澤。	霞石
珍珠光澤	因光線干涉呈虹彩光澤，或是解理面反射柔和光的光澤。	白雲母
絲絹光澤	表面像纖維般條紋呈同一方向。	石棉
土狀光澤	光幾乎不太反射，因此缺乏潤澤光。	高嶺石

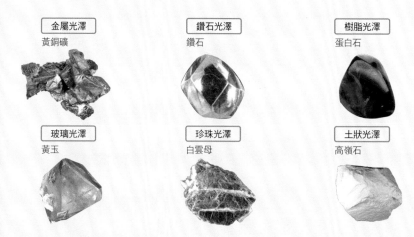

金屬光澤
黃銅礦

鑽石光澤
鑽石

樹脂光澤
蛋白石

玻璃光澤
黃玉

珍珠光澤
白雲母

土狀光澤
高嶺石

晶系特徵

以下是晶系的主要特徵。詳細內容請參照本書正文P.43。

立方晶系
三條等長晶軸均以90度直角相交。亦稱**等軸晶系**。
如**自然金、鑽石、磁鐵礦、岩鹽**等。

正方晶系
三條晶軸中有兩條等長，且均以90度直角相交。
如**黃銅礦、錫石、鋯石、魚眼石**等。

六方晶系的一例
共四條晶軸，其中等長的三條在平面上以120度角相交，剩下的那條晶軸則在該交點垂直交錯。
如**輝鉬礦、銅藍、綠柱石、磷灰石**等。

三方（菱面體）晶系
三條等長的晶軸均以90度以外的相同角度交錯。亦可視為「六方晶系」的一種。
如**辰砂、赤鐵礦、方解石、石英**等。

直方晶系
三條不同長度的晶軸三均以90度直角相交。日本結晶學會在2014年決議將「Orthorhombic」的譯名從「斜方晶系」改為「直方晶系」。
如**自然硫、霰石、重晶石、黃玉**等。

單斜晶系
三條不等長的晶軸相交的三種角度中，有兩條的交錯角度為90度。
如**雞冠石、藍銅礦、石膏、白雲母**等。

三斜晶系
長度不等的三條晶軸均以90度以外的不同角度交錯。
如**綠松石、藍晶石、薔薇輝石、長石**等。

非晶質
毫無規則，沒有晶體結構的礦物。
如**自然汞、蛋白石**等。

第 I 章

著手開始肉眼鑑定

1. 什麼是礦物？

礦物是在地球及其他天體上形成的固體物質，這種物質基本上是由原子正確依序排列的晶體。原子的種類會以元素符號表示，若將這些符號比喻為一個文字，那麼礦物就等同於一個詞彙。

舉例來說，矽以元素符號 Si 表示，氧則用元素符號 O 來表示，若這兩者比例為 1：2，便組成了「SiOO」這個詞彙（實際上，多個相同種類的元素會將其數量以下標數字標示，即 SiO_2）。相當於這個詞彙的礦物有石英（quartz）、鱗石英（tridymite）及方矽石（cristobalite）。就像「ㄑㄧㄠˊ」這個詞有「橋」、「喬」與「瞧」的差別一樣。石英、鱗石英和方矽石的差異在於 Si 與 O 的排列組合，也就是說，原子組態（晶體結構）不一樣，便會被視為另一種礦物。

即使是在地球上形成的東西，也有可能並非結晶物質。像是岩漿在地表附近急遽冷卻後形成火山岩，這種火山岩裡含有的火山玻璃；或是幾乎都是 SiO_2 但未經結晶作用便凝固的蛋白石；以及呈液體形態流出的自然汞都是其例。雖然氣體和液體不是礦物，不過有時相同成分所組成的物質也會因溫度或壓力的變化而結晶化（變成礦物）。以我們熟悉的事物為例，水在氣溫低的地方會變成冰、冰柱或雪，這些都是結晶物質，所以會被視為礦物。自然汞也一樣，在一大氣壓且約零下 39℃ 以下時會結晶化。不過，礦物的必要條件是在我們平常生活的溫度及壓力環境下呈現固體狀。

▲ 在礦物之中最耳熟能詳的水晶。產地：福島縣郡山市鬼城

2. 礦物與地球的關係

如前一節所述，礦物相當於一個字詞，而字詞依循某種規則彙集在一起即成文章。同樣地，礦物彙集在一起便是岩石（石頭），是故岩石等同於「文章」。約在46億年前，地球與一群太陽系小行星相撞而成形，一般認為最初地球是呈現融化的狀態，並在相當早期的階段便形成了地殼、地函和地核的層次構造。也就是說，組成上述構造的礦物就此誕生。這些早期礦物，大多數都已經因隨後的地殼變動而不斷重複熔化、分解與再結晶，同時改變形態，形成現在的模樣。

扣掉被認定是液體（融體）的外核與地函的一部分，其餘的地球成分都是由固體（礦物）所組成，這些固體約占地球體積的84%。

我們可以從覆蓋地球表層的地殼上取得一定程度的岩石情報，比如說在大陸下方的岩石層較厚，大洋底下的岩石層較薄。直接從地下深處採集岩石非常困難，要把地表岩石毫無遺漏地全採一遍也不現實。要徹底明白地殼由哪些礦物組成是不可能的──若這麼說也不無道理。

因此，我們會先處理各種岩石的化學分析資料和分布資訊，再從中推算出組成地殼的元素存在量的估計值。雖然數值上會因研究人員不同而有所差異，但前八種元素（氧、矽、鋁、鐵、鈣、鈉、鉀、鎂）在各項研究中均相同。底下所示為其中一例（圖I.1）。我們將這些數據與主要造岩礦物的元素重量百分比（表I.1）做個對比看看。

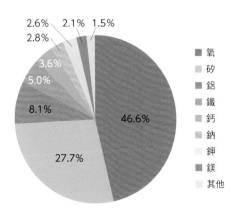

2.6% 2.1% 1.5%
2.8%
3.6%
5.0%
8.1%
46.6%
27.7%

■ 氧
■ 矽
■ 鋁
■ 鐵
■ 鈣
■ 鈉
■ 鉀
■ 鎂
■ 其他

▲ 地殼的元素含量（重量百分比）（圖I.1）

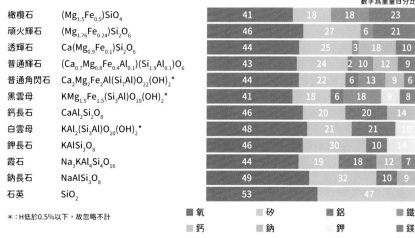

礦物	化學式			
橄欖石	$(Mg_{1.5}Fe_{0.5})SiO_4$	41 / 18 / 18 / 23		
頑火輝石	$(Mg_{1.76}Fe_{0.24})Si_2O_6$	46 / 27 / 6 / 21		
透輝石	$Ca(Mg_{0.9}Fe_{0.1})Si_2O_6$	44 / 25 / 3 / 18 / 10		
普通輝石	$(Ca_{0.7}Mg_{0.8}Fe_{0.4}Al_{0.1})(Si_{1.9}Al_{0.1})O_6$	43 / 24 / 2 / 10 / 12 / 9		
普通角閃石	$Ca_2Mg_2Fe_2Al(Si_7Al)O_{22}(OH)_2$*	44 / 22 / 6 / 13 / 9 / 6		
黑雲母	$KMg_{1.5}Fe_{1.5}(Si_3Al)O_{10}(OH)_2$*	41 / 18 / 6 / 18 / 9 / 8		
鈣長石	$CaAl_2Si_2O_8$	46 / 20 / 20 / 14		
白雲母	$KAl_2(Si_3Al)O_{10}(OH)_2$*	48 / 21 / 21 / 10		
鉀長石	$KAlSi_3O_8$	46 / 30 / 10 / 14		
霞石	$Na_3KAl_4Si_4O_{16}$	44 / 19 / 18 / 12 / 7		
鈉長石	$NaAlSi_3O_8$	49 / 32 / 10 / 9		
石英	SiO_2	53 / 47		

＊：H低於0.5%以下，故忽略不計

圖例：■氧　■矽　■鋁　■鐵　■鈣　■鈉　□鉀　■鎂

▲造岩礦物的元素重量百分比（表 I.1）

由於橄欖石是上部地函的主要礦物成分，所以如果扣除橄欖石，再簡單計算其他礦物的平均，便會發現氧、矽、鋁、鐵的量幾乎趨近於圖 I.1 的數值。

假設不考慮造岩礦物的成分比例，則其他元素的分散度就會增加。數值因研究人員而異，便是因為每位研究人員對主要成分比例的看法不太一樣的關係。

比上部地函更深的地方，直接取得的試樣就更極端地少了。唯有地函深處產生的岩漿湧上地表時，發生未出現岩漿熔化中途岩石的地質現象時，才能取得試樣。因此，我們也會考量在與地底環境相當的條件下進行的礦物合成實驗，以及透過地震波或重力的探勘取得的物性狀態等資料，藉此推斷地球的內部結構（組成礦物）。

隨著地球的變動，經由各種物質與其他岩石的碰撞、變形和結合——例如各式各樣的岩石（礦物組合）形成的物質、在形成過程中殘留下來的物質、熔解消失的物質以及重新建構組成的物質——在時代的變遷中形成了複雜的集合體。

假如將岩石比喻為文章，則這種文章的排列組合就相當於一個故事。我們可以將地球岩石的故事看作地質。表 I.2 的例子簡略表示出元素（文字）、礦物（詞彙）、岩石（文章）與地質（故事）之間的關係。

元素	礦物	岩石	地質
文字	詞彙	文章	故事
Si, O + Na, Ca, Al + K + Mg, Fe, H, F	SiO_2 石英 $(Na,Ca)(Al,Si)_4O_8$ 斜長石 $KAlSi_4O_8$ 鉀長石 $K(Mg,Fe)_3AlSi_3O_{10}(OH,F)_2$ 黑雲母 $Ca_2(Mg,Fe)_4Al(AlSi_7O_{22})(OH)_2$ 普通角閃石	花崗岩 石英閃長岩	花崗岩 岩漿上湧 （熱液） ↓
	石英、長石、黏土礦物等 石英、黏土礦物等 方解石等	砂岩 泥岩 石灰岩	接觸變質（交替） 經此作用產生 新的礦物
	$CaSiO_3$ 矽灰石 $Ca_3(Fe,Al)_2Si_3O_{12}$ 鈣鐵榴石 $Ca(Mg,Fe)Si_2O_6$ 透輝石 $Ca_2FeAl_2Si_3O_{12}(OH)$ 綠簾石 $Fe^{2+}Fe^{3+}_2O_4$ 磁鐵礦 $Fe^{3+}_2O_3$ 赤鐵礦		矽卡岩礦物與 矽卡岩礦床的形成

▲元素－礦物－岩石－地質之間的關係（表Ⅰ.2）

▲安山岩
　安山岩是由班晶的普通輝石（A）和斜長石（P）等細小晶體群形成的石基所構成。產地：神奈川縣真鶴町

3. 礦物與人的關係

比人類誕生更久以前，礦物就已作為地球主宰存在於世。從礦物被人類當成石器這種方便的工具來使用開始，之後人們又學會了提取金屬的知識，在與文明發展互相影響的同時，礦物也被應用在各式各樣的用途上。很快地，人們將意識到礦物研究不僅具實用意義，還有助於發現元素，是研究地球的重要資料。這類歷史故事在《圖說礦物自然史》（暫譯，秀和SYSTEM）有詳細介紹，因此還請各位移駕閱讀。此外，在這個領域也出現一些單純喜歡欣賞礦物本身的外形、顏色等特質的人。儘管必須是手頭寬裕的人才收藏得起，但也有可能可以從礦物中尋得精神上的慰藉（療癒）。

我想，雖說對礦物產生好奇心的原因五花八門，不過像是「這是什麼樣的礦物」的疑惑，以及「想知道這個礦物的名稱與原有面目」的單純心情卻是人人共通的。與此同時，或許還會湧出把這些礦物收集起來放在身邊的收藏慾也說不定。

在相當多的情況下，即使礦物的種類相同，也有可能看上去完全不同。跟生物的眾多群屬相比，礦物的種類（礦物種）較為稀少，然而其外觀變化豐富，所以我覺得它是一種很有收藏價值的物品。

被帶到地表附近的礦物有時會很快因雨水、地下水或空氣的影響而逐漸劣化。在那之前，最好把它拿到一個至少不會沾到雨水的室內擺放。

礦物是時間膠囊，是好幾百萬年、好幾千萬年、甚至好幾億年前形成的地球碎片。即使是看似不值一提的礦物，也蘊含著比人類更加漫長的歷史，這麼一想，會對礦物產生珍惜之心也不足為奇。請務必與我們一起，把礦物加入人生的樂趣之一吧。

▲礦物是地球的時間膠囊

第 **II** 章

礦物種類研究

1. 礦物的種類與命名方式

跟生物一樣，礦物也是事先命名比較方便。為此必須先確立決定礦種（種類）的方法（定義）。在礦物學的世界有一個名為國際礦物學協會的組織，組織裡有各種委員會，其中「新礦物命名分類委員會」就是在負責上面提到的命名活動。

礦物種類的認定以化學結構和原子組態為基本。因此，即使化學結構一致，但只要原子組態不同，就會歸類成另一種礦物（例如鑽石與石墨）；就算原子組態（的組合模式）相同，化學結構不一樣也是別的礦種（比如鎂橄欖石和鐵橄欖石）。前者之間的關係稱為**同質多形**，後者則是**類質同形**。

同質多形的概念比較好懂，類質同形則是要先準確定義如何區分化學結構的差距，不然會產生混亂。

首先，我們以鎂橄欖石與鐵橄欖石來思考看看。鎂橄欖石的化學結構是 Mg_2SiO_4，鐵橄欖石的化學結構則是 $Fe_2^{2+}SiO_4$。其中 Mg 跟 Fe^{2+} 可自由替換，不需改變原本的原子組態模式。具備這種關係的礦物稱作**連續固溶體**。水和酒精可用不同的比例混合在一起，這也是一樣的道理。

因此，我們會去考慮 Mg 及 Fe^{2+} 哪一種含量比較多，也就是在各半的位置建立物種邊界，藉此定義礦物的種類（百分之五十定律）。Mg_2SiO_4 與 $Fe_2^{2+}SiO_4$ 各自稱為端元（end member）。就算有三個以上的**端元**，也會以裡頭含量最多的端元種名來命名。

舉例來說，通常產出鈣的單斜輝石是透輝石（$CaMgSi_2O_6$）和鈣鐵輝石（$CaFe^{2+}Si_2O_6$）（圖Ⅱ.1），不過有時候錳鈣輝石（$CaMn^{2+}Si_2O_6$）也算在內（圖Ⅱ.2）。再來，假設除了 Mg、Fe^{2+}、Mn^{2+} 以外，又把 Zn 放進去（圖Ⅱ.3），使其化學結構變成「Zn>Mg、Fe^{2+}、Mn^{2+}」（後面三種的多寡與順序無關），那麼它就會被視為是別的礦物種——鋅錳透輝石（petedunnite，端元的化學結構寫作 $CaZnSi_2O_6$，但實際表示成 $Ca(Zn, Mn^{2+}, Fe^{2+}, Mg)Si_2O_6$）。

另外，方解石（$CaCO_3$）與菱鎂礦（$MgCO_3$）雖是類質同形關係，但卻不會形成連續固溶體。儘管含有些許 Mg 的方解石和含有些許 Ca 的菱鎂礦是存在的，但兩者之間卻並不連續（圖Ⅱ.4）倒是有一種礦物是化學結構剛好等同兩者中間值的白雲石（$CaMg(CO_3)_2$）。但由於其在結晶學上的對稱性迥異，所以無法適用於百分之五十定律，被看作是一個獨立的礦物種。

例如在白雲石和菱鎂礦之間有碳鈣鎂礦（huntite，$CaMg_3(CO_3)_4$，日本只有長崎縣生產的稀有礦物），但其原子組態跟菱鎂礦不一樣，所以也屬於獨立礦種。

沒有端元的固溶體亦是存在的。像鎳黃鐵礦的化學結構寫作 $(Fe,Ni)_9S_8$，在這之

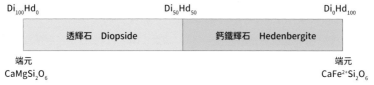

▲連續固溶體的百分之五十定律（圖Ⅱ.1）

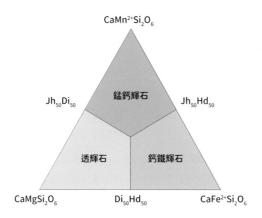

▲圖Ⅱ.2

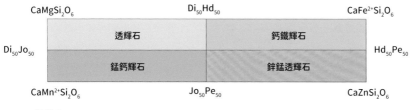

▲圖Ⅱ.3

▲圖Ⅱ.4

Ni_9S_8 $(Ni_{4.5}Fe_{4.5})S_8$ Fe_9S_8

鎳黃鐵礦

▲圖Ⅱ.5

中，Fe＞Ni或Fe＜Ni的情況兩者皆有（圖Ⅱ.5）。但我們不必把這麼狹小的領域一分為二，所以會把它看作一種。※

如上所述，人們會對已確保礦物種類獨立性的礦物賦予種名。在「新礦物命名分類委員會」（前身為新礦物與礦物名委員會）的制度開始前，礦物名稱只是研究人員隨興取的名字，完全無法從名字知道該礦物的由來。儘管因此消失的礦物也很多，但有好幾種礦物的名字固定下，變成如今的正式種名。

自1959年以來，都是由委員會進行礦物種類及種名的認定，只有被他們承認的礦物種類（名稱）才是正式的種類（名稱）。這些礦物會公布在委員會的官網上，截至目前2021年5月約刊登了5,700種礦物。

種名來源多為出產地（法定地名、礦山名稱等）、人名（研究者、採集者等），正式書面記載採用歐美文字（不能用希臘文、斯拉夫文、阿拉伯文或漢字等）。從這一點來看，雖然習慣上都把正式名稱定為英文名，但或許定為學名會更好。

例如產自東京都白丸礦山的$Ba_2Mn^{3+}(VO_4)_2(OH)$就是以tokyoite為正式種名。因為委員會並未對各國國內用的種名（日本用的是「和名」）設下什麼規定，所以每個國家都能自由訂定，上述tokyoite的和名就是取作「東京石」。

此外，和名的難點在於語尾要加「石」還是「礦」。以前日本人習慣為那些可以成為礦石的礦物命名為「礦」。**礦石**基本上指的是有價值礦物的集合體。像黃銅礦或方鉛礦之類的名稱就很容易理解，但也有明明作為製陶原料很有價值，卻取名為長石的礦物，命名方式之間充滿矛盾。因此最近訂定在礦物厚度為薄片（約30微米）時，依照其外觀透明（……石）還是不透明（……礦）來命名。至於已經紮根的舊種名，不得已只能直接沿用。

舉例來說，擁有同樣的化學結構，用途也一模一樣的孔雀石和藍銅礦，究竟為什麼分屬「石」跟「礦」呢？我想恐怕是因為語尾前面是表示金屬元素的漢字，所以才想用「礦」來命名吧。

更棘手的問題在於「石」。「石」在日文有兩種讀音，那到底是要唸作「ISHI」（訓讀）還是「SEKI」（音讀）呢？一個詞彙，要音讀就全部音讀，要訓讀就全部訓讀——日文的基礎就是這麼讀的，可是「重箱讀法」（前音讀、後訓讀）、「湯桶讀法」（前訓讀、後音讀）這種例外也不在少數。

因為一般大眾經常會把石頭與石材的名稱（非學術名詞）讀作「……石（ISHI）」，所以原則上正式的礦物種名會採取「SEKI」的讀音。

這在古早流傳下來的定名上也有例外

※另外，新礦物幌滿礦的化學結構是$Fe_6Ni_3S_8$，列為鎳黃鐵礦的固溶體，但其晶體構造迥異。

（比如螢石就不會唸成「KEISEKI」和
「HOTARUSEKI」）。

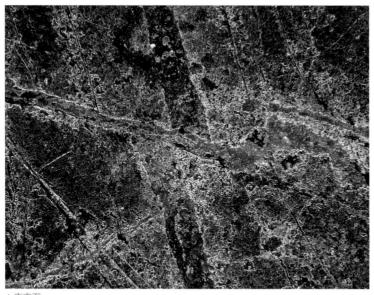

▲東京石

穿過褐錳礦等塊狀礦石的東京石（紅褐色）礦脈。產地：東京都奧多摩町白丸礦山

2. 肉眼鑑定基礎知識

要定義礦物的種類，就必須知道其化學結構與原子組態。然而這需要高價的設備和熟練的專家，並不是普通人能觸及的領域。

只不過，即使不做這種高難度的實驗，只要有一塊具備一定大小的結晶（被晶面圍繞，擁有自形的物質，在本書中，以下均簡稱結晶或晶體）或礦塊，有時就可以透過簡單的觀察或實驗來決定其礦物種名、類似礦物的屬名或系名。

這種實驗所用的器具，基本上會以一般人容易取得的便宜工具（不到3,000日幣，約700台幣以下）來做考量。

觀察礦物螢光或放射能的器具最好選擇數萬日幣左右的產品，放大觀察礦物的立體顯微鏡（圖Ⅱ.6）則是找10萬日幣左右或更貴的產品比較好。

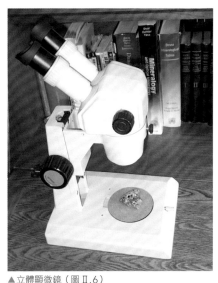

▲立體顯微鏡（圖Ⅱ.6）

○目標礦物的尺寸與形狀

尺寸大一點當然是再好不過了，但小型礦物就希望是至少能用手指夾住固定的大小。

塊狀的礦物可以做各式各樣的實驗，但面對結晶時，因為不想損傷晶體，所以基本上只會進行觀察。比較麻煩的是，有些標本表面上看起來明明是一種礦物，但實際上卻是兩種以上礦物的混合體。這種就幾乎不太可能用肉眼鑑定辨別出來。相反地，在明顯有兩種礦物共存時，只要知道其中一種礦物，就可以縮小另一種礦物的可能範圍。

○肉眼鑑定必備器具與儀器

肉眼鑑定時，必要的礦物性質與器具之間的關係如下表所示：

放大鏡／立體顯微鏡	簡易器具	測量設備	化學品
解理（破裂面） 顏色 光澤 晶面 條紋 聚集狀態	條痕顏色（條痕板） 硬度（莫氏硬度計） 磁性（磁鐵）	螢光（紫外線手電筒） 放射能（劑量計）	化學反應（稀鹽酸）

▲礦物性質與器具之間的關係（表Ⅱ.1）

放大鏡

最好有10～20倍的放大倍率。放大鏡種類五花八門，有百圓商店的商品；也有內嵌LED燈，在昏暗的地方亦能清楚觀察的類型；甚至有1萬日幣以上，裝有消色差（成像的顏色差異）鏡片的類型。

如果手邊沒有立體顯微鏡，建議在放大鏡上選用稍微貴一點，但視野寬闊（明亮）的產品（圖Ⅱ.7）。

▲放大鏡（圖Ⅱ.7）

立體顯微鏡

意指一種帶有左右目鏡，可立體地觀察到觀察物的顯微鏡。立體顯微鏡的機種繁多，例如攝影用的機種還會再多架設一支鏡筒，或是物鏡可切換倍率或變焦的機種等等（圖Ⅱ.6）。請以自己的預算來考量。有了顯微鏡，就可以體驗一個放大鏡完全看不到的微觀世界。

此外，我認為選擇一台帶有照明設備的機種也不錯（亦有一開始就附帶照明的機型），不然還可以買一些便宜的LED燈，用簡單的手工改裝來當照明裝置。

條痕板

礦物的顏色是各式各樣的要因造成的，所以就算是同一種礦物，看上去也常常是不同的顏色。不過，當礦物變成粉末時，這些變化就會消失，所以這是肉眼鑑定的一項關鍵要素。

然而許多礦物的條痕顏色都是白色或是非常淺、淺到接近白色的顏色，顏色清楚明瞭的礦物很有限。尤其是綠色～藍色～紫色這一系的礦物種類相當稀少。

雖然市面上有在販售專用的磁磚條痕板（圖Ⅱ.8），但這種東西沒有特別的必要。有時在條痕板上研磨小型礦物十分困難，因此可以用茶盞底部的圈足（沒有上釉的部分）來代替。

另外，如果不是特別硬的礦物，可用工具鋼製成的小型一字起子（圖Ⅱ.9，百圓商店賣的那種就好）或石英尖端稍微削一點粉下來，再直接或放在白紙上觀察。

▲ 螺絲起子組（圖Ⅱ.9）

◀ 條痕板（圖Ⅱ.8）

3. 具體調查礦物性質

■ 透過肉眼、放大鏡或立體顯微鏡觀察

解理

　　破裂面（解理）形狀幾乎呈平面時，我們稱之為**有解理**，其斷面則叫**解理面**。解理是礦物沿垂直於原子鍵結較薄弱的平面方向裂開的結果，是故礦物的原子組態與解理息息相關。

　　在解理的特性上，我們習慣以解理非常顯著的「完全」到「清楚」、「良好」、「不清楚」、「無」等詞彙來表示。不過因為這並非量化的表示方式，所以有時也會無法明確判斷其中的差異。

　　因此本書在肉眼鑑定上採用的解理標準大致分為兩類，一類是從「完全」到「良好」左右的「有解理」，一類則是除此之外的「無解理」。

　　那麼，一開始我們先試著來觀察一下礦物是否有這種性質。假如有礦塊，也就是礦物碎片的話，觀察起來會比較容易。結晶如果有哪個部位裂開也能觀察到。另外，若是有解理的透明晶體，只要從某個方向往晶體裡面看，就可以看到其內部出現平面狀（從側面看則是線形）的反射面（圖Ⅱ.14）。

▲可從外觀看見解理的藍晶石（愛媛縣新居濱市鹿森水壩上游）（圖Ⅱ.14）

▲貝殼狀斷口，石英（茨城縣城里町高取礦山）（圖Ⅱ.15）

當破裂面不是平面時，會特別用**斷口**一詞來表示（圖Ⅱ.15）。還有，有時明明沒有解理，卻也會出現平面狀的破裂面。這種現象叫作**開裂**，人們認為這種現象是由於重複的雙晶或雜質聚集在特定方位所引起的。

比如說，基本上剛玉沒有解理，但偶爾上頭卻會產生平面形的破裂面。一般而言，光看破裂面的平面很難區分解理跟開裂的差異。

顏色

雖然顏色取決於該礦物反射光與透射光的平衡，但其色彩也會因作為主成分的原子性質、鍵結狀態，以及非必要的痕量原子的影響、在應有的位置缺失的原子等因素而產生。

不管是哪一種原因，顏色的形成都跟組成原子的電子動態有很大的關聯性（詳細內容請參照《圖說礦物自然史》）。除此之外，偶爾也會因混雜極細微的雜質（如帶有顏色的其他礦物等），而使原本無色的礦物感覺改變了顏色。

出於上述源由，即使是同一種礦物，看起來顏色不一樣也很正常。當然，也有幾乎不會出現顏色變化的礦物種，但要說這種礦物會比較好鑑定，那也並不絕對。

比如說，以銅為主成分的碳酸鹽、硫酸鹽、磷酸鹽、砷酸鹽、矽酸鹽礦物，全都是呈現相似的綠～銅綠～靛藍色一脈。無法用顏色來辨別，就必須仰賴檢視晶形、聚集狀態、硬度或化學測試等手段。

在物理上，可見光的範圍是從紫色（光的波長短，約380nm）到紅色（光的波長，約760nm）。

之所以看起來像紫紅色，是因為中間橘色到藍色的波長被當成礦物中電子運動的能源而吸收了。畫成圖（譬如線形）的話，就會變成左右兩端出現光的波長。

由於兩者距離太遠不太好理解，因此就將這種關係畫成了環狀——即色相環圖（圖Ⅱ.16）。

白

與白色的中間色

與黑色的中間色

▲ 色相環（圖Ⅱ.16）

介於紅色和紫色之間的紫紅色，從線性的波長表現來看是不可能出現的顏色，但畫成環狀來解釋便能讓人信服。

自古以來，人們就在表現礦物的實際顏色上下了很多工夫。當今國際標準是「CIE L*a*b*」表示法，L*即黑白（濃度）；a*的正值是往紅色的方向，負值為綠色方向；b*的正值是黃色方向，負值則是朝藍色的方向。假設L*、a*、b*是球體互相垂直相交的3軸直徑，如此便能用數字來表現顏色（圖Ⅱ.17）。

只是，就算以數字表示顏色，通常這個顏色也不會顯現在我們腦海裡。此外，三維的表示方式有時也很難讀懂。

雖然用二維法很難嚴謹表達出顏色，但藉由圖Ⅱ.16的色相環就可以抓到一個大概的印象，像是靠近中心點的時候是黑色，其與色相環之間是深色的中間色（如橘色與黑色中間是咖啡色）；色相環最外圈屬於白色（無色），其與色相環間為淺色中間色（如紅色跟白色之間是粉紅色）。

深灰色緊接黑色外圍，淺灰色則比鄰白色內側。大致上，自圓環的中心向外的顏色變化代表明度，色相環的部分表色相。在本書第Ⅲ章（圖鑑部分）裡，會盡量以實物顯示礦物的顏色，較為罕見的色彩則是用文字（位於「色相環」的哪個位置附近）來表現。

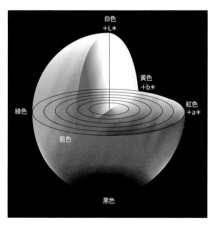

▲ 色彩空間（圖Ⅱ.17）

光澤

　　所謂**光澤**，是用代表物質或礦物名稱來形容該礦物的發光方式。它會依照折射率、反射率、透明度、解理面與其他部位、礦物表面細微的凹凸狀態等因素而不同。

　　然而我們卻無法用數值來表示光澤的變化，所以定義多少有些模糊之處。如果一種礦物擁有不同的光澤，那主因就是解理面與非解理面的部分差距顯著。

　　譬如半透明閃鋅礦（鐵含量較少）的解理面是金屬光澤，但其他部位卻是帶有樹脂光澤感。此外，也有像絲絹光澤或土狀光澤這種不以單獨晶體描述，而是用聚集狀態的光澤來表示的類型。

　　舉例來說，赤鐵礦的巨大結晶雖是金屬光澤，但一旦變成粉末狀的集合體，就會失去金屬光澤，變成土狀光澤。

　　主要的光澤如表 II.3 所列，只是不管哪一種光澤，都是透過粗略的特徵來展現。

主要光澤種類	特徵	代表礦物
金屬光澤	不透明，且光反射率高的礦物。長時間放置在空氣中時，有可能會失去金屬光澤。	自然金、黃銅礦、黃鐵礦、鈦鐵礦
鑽石光澤	透明至半透明，折射率相當高的礦物，其閃閃發亮的光輝頗為強烈。因為鑽石的舊和名（日文名稱）為金剛石的關係，也被稱作金剛光澤。	鑽石、辰砂、閃鋅礦、錫石
玻璃光澤	透明至半透明，折射率程度中等的礦物。碳酸鹽、硫酸鹽、磷酸鹽、矽酸鹽礦物一類很多都是這種光澤。	剛玉、方解石、磷灰石、石英
樹脂光澤	透明至半透明，類似琥珀或塑膠般的柔滑光澤。折射率從高到低都有。	琥珀、自然硫、蛋白石、閃鋅礦
脂肪光澤	像滑脂一樣油油亮亮的光澤。脂肪光澤跟樹脂光澤很難明確區分。依礦物而異，有些會同時紀錄這兩種光澤。	雞冠石、霞石、蛋白石
珍珠光澤	因光線干涉而呈彩虹色柔和光輝的物質。另外，也是折射率在中等以下，且外觀透明至半透明礦物解理面上的光華。	滑石、白雲母、魚眼石、輝沸石
絲絹光澤	可在針狀晶體呈纖維狀聚集時觀察到的光澤。這並非礦物單獨的光澤。	矽線石、透閃石、蛇紋石、絲光沸石
土狀光澤	粉末狀的集合體，幾乎不太反射光線。這並非礦物單獨的光澤。	赤鐵礦、高嶺石、錳鉀礦

▲光澤（表 II.3）

晶面

可以完整判讀所有晶面的礦物相當罕見，不過看得到一部分晶面的情況倒是經常發生。因此，在觀察部分晶面樣貌後，是否能夠從它的外形或組合來推斷出其晶系（也常被稱作晶體系統），這便是此處的課題。晶系的解說會再其他地方進行，這裡我們先簡單介紹一下它的基本特點。

如今基於原子組態來解釋晶系是很理所當然的事。然而從歷史上來看，以前是從外形來研究晶體的，所以以肉眼鑑定為主題的本書，可從這個角度著手會更好理解一點。

結晶是三維物體，因此要說明其外形，就要先思考3條以晶體中心為原點卻彼此不交會的座標軸（x-y-z軸）（圖Ⅱ.18）。

其次，如果仔細觀察結晶，會發現裡頭多半存在一簇與某個方向平行的晶面。換句話說，意思是「由互相連接的晶面形成的稜線，其方向是平行的」。

比如水晶有六個晶面平行朝向其延伸方向（晶尖處），我們稱這種晶面「隸屬相同晶帶」，晶帶的方向則是**晶帶軸**。

在這裡，座標軸被認定成晶軸（a-b-c軸），主要的晶帶軸多半會與一條晶軸一致（在這種情況下的水晶，其晶帶軸設為c軸）（圖Ⅱ.19）。

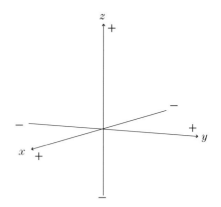

▲座標軸（圖Ⅱ.18）

▲水晶（岐阜縣中津川市蛭川）的c軸（圖Ⅱ.19）

晶面只有三種：只與任一晶軸交會（綠色平面）、與兩條晶軸交會（紅色平面）、與三條晶軸交會（藍色平面）（圖Ⅱ.20a,b）。

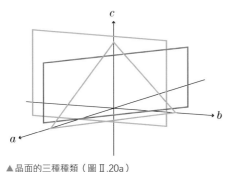

▲晶面的三種種類（圖Ⅱ.20a）

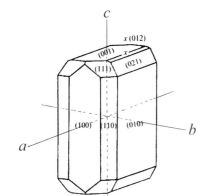

▲白鉛礦示例（圖Ⅱ.20b）

大量的晶面觀察與數學研究都表明了一件事——如何設定這些晶軸，才能為所有晶體形狀分類。

總結上述內容後，圖Ⅱ.21a及表Ⅱ.4顯示其基本分為七大晶系：「等軸晶系」、「正方晶系」、「六方晶系」、「三方晶系」、「斜方晶系」、「單斜晶系」和「三斜晶系」。

此外，雖然預設3條晶軸，但「六方晶系」跟「三方晶系」的晶軸也能設定成4條，而且在將三方晶系以菱面體晶系表示時，可以採用其他的座標軸取法（圖Ⅱ.21b）。順便一提，「等軸晶系」和「斜方晶系」建議使用別的說法，也就是「立方晶系」和「直方晶系」。其形狀來自於原子組態已知晶體最小單位「單位晶格」（英文是unit cell，所以也稱作「晶胞」）。

之後我們將以「立方晶系」與「直方晶系」來稱之。

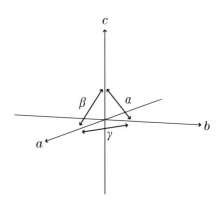

▲一般（圖Ⅱ.21a）

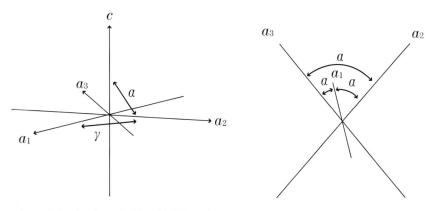

▲左：六方與三方，右：三方（菱面體）（圖Ⅱ.21b）

晶系	軸長	軸角
立方晶系	$a = b = c$	$\alpha = \beta = \gamma = 90°$
正方晶系	$a = b \neq c$	$\alpha = \beta = \gamma = 90°$
六方晶系、 三方晶系	$a = b \neq c$ $a_1 = a_2 = a_3 \neq c$	$\alpha = \beta = 90°，\gamma = 120°$ $a_1{}^\wedge c = a_2{}^\wedge c = a_3{}^\wedge c = \alpha = 90°，\gamma = 120°$
三方（菱面體） 晶系	$a_1 = a_2 = a_3$	$a_1{}^\wedge a_2 = a_2{}^\wedge a_3 = a_3{}^\wedge a_1 = \alpha \neq 90°$
直方晶系	$a \neq b \neq c$	$\alpha = \beta = \gamma = 90°$
單斜晶系	$a \neq b \neq c$	$\alpha = \gamma = 90° \neq \beta$
三斜晶系	$a \neq b \neq c$	$\alpha \neq \beta \neq \gamma \neq 90°$

▲各晶系的軸長與軸角（表Ⅱ.4）

　　晶體上存在著每個晶系獨特的對稱要素，因此這一點也會反映在單一晶面與晶面的組合模式上。要是能幸運觀察到這類晶面，就可以推測出該礦物的晶系，藉此成為鑑定的重要線索（表Ⅱ.5）。晶面的一部分可能會缺失，也可能因生長條件而變形，所以請至少利用此表的形狀作為參考。

銳角數	晶面形狀	晶面種類	礦物範例
3	正三角形	立方晶系的正八面體面、正四面體面	方鉛礦、磁鐵礦、閃鋅礦
		正方晶系的部分晶面看起來近似正三角形	黃銅礦、呂宋礦
		與六方及三方晶系 c 軸正交的晶面	藍錐礦、辰砂
		雖是直方和單斜晶系，但晶軸之間關係是極為近似立方晶系的錐面	輝砷鈷礦、砷黃鐵礦
	等腰三角形	立方晶系的部分晶面	螢石、石榴石
		正方晶系的錐面	白鎢礦、錫石
		六方及三方晶系的錐面	磷氯鉛礦、石英
		直方與單斜晶系的部分錐面	自然硫、砷黃鐵礦
	其他	單斜與三斜晶系的部分錐面	正長石、薔薇輝石
4	正方形	立方晶系的正六面體面	螢石、方鉛礦
		與正方晶系的 c 軸垂直相交的晶面	銳鈦礦、符山石
	矩形	立方、正方、六方、三方、直方晶系的柱面及錐面	黃鐵礦、綠柱石、石英、重晶石、硫砷銅礦
	正菱形	立方與三方晶系的主要晶面	磁鐵礦、方解石、石榴石
		正方晶系的錐面，與直方晶系的 c 軸正交的晶面	鋯石、重晶石
		單斜晶系的錐面	普通角閃石
	有兩種邊長的菱形	單斜晶系的柱面，以及與 b 軸正交的晶面	石膏、藍鐵礦、正長石
		與三斜晶系單一晶軸交會的晶面	薔薇輝石、逸見石
	梯形	立方、正方、六方、三方、直方、單斜晶系的錐面及柱面	黝銅礦、銳鈦礦、磷氯鉛礦、明礬石、自然硫、石黃、橄欖石、綠簾石
	其他	立方晶系的偏菱二十四面體面	石榴石、方沸石
		正方、三方、直方、單斜、三斜晶系的錐面及柱面	褐錳礦、石英、電氣石、臭蔥石、透輝石、鈣長石
5	各種形狀	立方晶系的五角十二面體面	黃鐵礦
		正方、三方、直方、單斜、三斜晶系的錐面、柱面等	白鎢礦、方解石、砷黃鐵礦、普通輝石、榍石、微斜長石
6	正六角形	與六方晶系的 c 軸正交的晶面	輝鉬礦、磷灰石、綠柱石
	接近正六角形	與三方晶系的 c 軸正交的晶面	剛玉、方解石、鈦鐵礦、明礬石
		連接立方晶系六面體面的八面體面	螢石、黃鐵礦、赤銅礦
	其他	正方、六方、三方、直方、單斜、三斜晶系的柱面及錐面	金紅石、綠柱石、石英、金雲母、正長石、鈉長石、鋁鈣沸石
7	各種形狀	三方晶系的錐面	電氣石
		直方、單斜、三斜晶系的柱面及錐面	異極礦、普通輝石、鈣長石
8	各種形狀	連接立方晶系八面體面的六面體面	方鉛礦、黃鐵礦、螢石
		正方、六方、三方、直方、單斜、三斜晶系的錐面及柱面	黃銅礦、磷灰石、方解石、硫砷銅礦、藍鐵礦、斧石

▲晶面形狀（表Ⅱ.5）

條紋

　　雖然理論上的晶面都是平面，但在實際的晶面上觀察到各種凹凸不平或條狀紋路是很正常的一件事。平行的條狀紋理叫作**條紋**，由晶體生長中產生的細微晶面反覆形成，亦或是雙晶不斷重複後所形成，因此條紋的式樣會顯示出晶體的對稱性。舉例來說，黃鐵礦的晶體多為立方體（理想上是由正方形面組成的六面體，但在實際晶體上會因不平均的成長呈現矩形，而非正方形），通常可以觀察到其晶面上有沿著相同方向延伸的條紋（圖Ⅱ.22）。

▲黃鐵礦（新潟縣新發田市飯豐礦山）條紋
（圖Ⅱ.22）

　　條紋的方向會在相鄰面上彼此垂直相交。即使是黃鐵礦的理想正方形面，在從正上方觀察時，也能藉由條紋的存在看見將其旋轉180度後的相同形狀。螢石也經常形成立方體的結晶，可其理想的正方形面上卻沒有條紋（圖Ⅱ.23）。也就是說，從正上方看時，其與每次旋轉90度的形狀一樣。當旋轉360度與旋轉180度的形狀相同時，稱其「擁有二次對稱軸」；每次旋轉90度都會呈現同樣形狀的礦物，則認定它「擁有四次對稱軸」——這部分我們也會在第Ⅴ章〈簡易結晶學〉加以解釋。就算是與立方系統類似的晶面，這種對稱要素也會大不相同。此外，有時也能根據條紋的方向來辨別礦物。以僅能看到部分晶體的無色透明水晶和黃玉為例，只要能夠觀察其柱面，就可以從晶體延伸方向（c軸方向）鑑定其種類——如果條紋與延伸方向垂直就是水晶（圖Ⅱ.24），跟延伸方向平行則是黃玉（圖Ⅱ.25）。

▲螢石（中國湖南省）的六面體面（圖Ⅱ.23）

▲水晶（福島縣郡山市鬼城）條紋（圖Ⅱ.24）

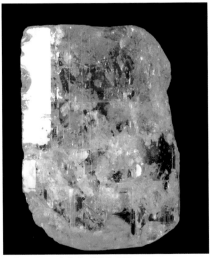

▲黃玉（巴西）條紋（圖Ⅱ.25）

聚集狀態

　　同種礦物聚集在一起的方式稱為**聚集狀態**。在其與不同礦物組合聚集時，會分別以共生或共存關係來討論。

　　按照礦物的不同，可能會形成獨特的聚集狀態，偶而這點會成為一個判斷標準，特別是在小型晶體的鑑定上。

　　常見的聚集狀態有球狀（圖Ⅱ.26）、放射狀（圖Ⅱ.27）、葡萄狀（圖Ⅱ.28）、花瓣狀（圖Ⅱ.29）、鐘乳石狀（圖Ⅱ.30）、樹枝狀（圖Ⅱ.31）、皮殼狀（圖Ⅱ.32）、箔狀（圖Ⅱ.33）及土狀（圖Ⅱ.34）。

▲放射狀（碳酸絨銅礬，靜岡縣下田市河津礦山）（圖Ⅱ.27）

▲葡萄狀（葡萄石，澳洲）（圖Ⅱ.28）

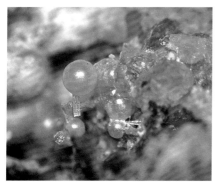

▲球狀（矽鉍石，埼玉縣秩父市中津川）（圖Ⅱ.26）

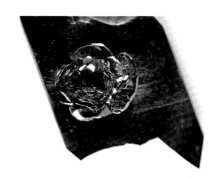

▲花瓣狀（赤鐵礦，北海道斜里町知床硫礦山）（圖Ⅱ.29）

第Ⅱ章　◆　礦物種類研究

▲ 鐘乳石狀（膽礬，兵庫縣朝來市生野礦山）
　（圖Ⅱ.30）

▲ 樹枝狀（鋰硬錳礦，栃木縣足利市馬坂）
　（圖Ⅱ.31）

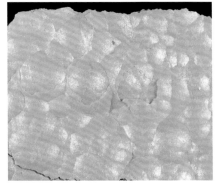

▲ 皮殼狀（石黃，青森縣陸奧市恐山）（圖Ⅱ.32）

▲ 箔狀（自然銀，靜岡縣伊豆市湯之島礦山）
　（圖Ⅱ.33）

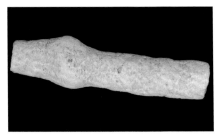

▲ 土狀（針鐵礦，愛知縣豐橋市高師原）（圖Ⅱ.34）

然而，這些形狀之間並沒有明確的界線，所以不必嚴格以待。比如說針狀（或非常薄的板柱狀）晶體從中心往外延伸的狀態稱為**放射狀**，但放射狀愈是密集，縫隙就會消失而呈圓形**球狀**。再來，要是把許多球體聚集在一起，便會變成**葡萄狀**。即使是覆蓋在岩石和礦物表面的集合體也分成兩種：可以充分看出其厚度的是**皮殼狀**，晶體極薄則歸為**箔狀**。進一步觀察皮殼的截面，會發現針狀晶體幾乎呈平行排列，放射狀晶體（嚴

格來說它是以自身附著的那一側為起點延伸，是故常看到半球截面）所聚集的半球則是並排相連。

此外我們亦可從中窺見皮殼的截面跟地層一樣，極細的顆粒經歷好幾次的中斷後連續堆積在一起。表 II.6 整理出主要的聚集狀態，以及容易形成這種狀態的代表性礦物。

球狀、放射、葡萄狀	自然硫	自然砷	紅砷鎳礦	輝砷鎳礦	針硫鎳礦	石黃
	金紅石	針鐵礦	錳鉀礦	方解石	菱錳礦	菱鋅礦
	霰石	藍銅礦	孔雀石	綠銅鋅礦	水纖菱鎂礦	水菱鎂礦
	水膽礬	青鉛礦	鈷華	鎳華	藍鐵礦	光線石
	砷銅鈣石	銀星石	矽硼鈣石	異極礦	綠簾石	符山石
	電氣石	頑火輝石	鈣鐵輝石	鋰雲母	綠泥石	葡萄石
	石英	輝沸石	鈉沸石	桿沸石	鈣十字沸石	毛沸石
花瓣狀	赤鐵礦	重晶石	石膏	明礬石		
樹枝狀	自然金	自然銅	螺狀硫銀礦	赤銅礦	鋰硬錳礦	
皮殼狀、箔狀	自然金	自然銀	自然銅	自然砷	銅藍	紅銀礦
	石黃	赤銅礦	黃碲礦	針鐵礦	軟錳礦	氯銅礦
	白鉛礦	藍銅礦	孔雀石	硫酸鉛礦	重晶石	青鉛礦
	鈣鈾雲母	臭蔥石	光線石	磷氯鉛礦	異極礦	
土狀	石墨	硫鎘礦	輝鉬礦	黑銅礦	赤鐵礦	三水鋁石
	針鐵礦	錳鉀礦	黃鉀鐵礬	藍鐵礦	高嶺石	海綠石
	綠泥石	蒙脫石				

▲聚集形態（表 II.6）

■ 利用簡易器具調查

條痕（條痕顏色）

為觀察礦物粉末的顏色，我們會利用磁磚條痕板或陶器的圈足（圖Ⅱ.35）。白色系的礦物則會試著拿到黑色圍棋棋子或硯台上刻劃。不過我覺得，用工具鋼或石英的尖端稍微削掉一點礦物粉末，再放到白紙或黑紙上觀察會比較好一點。

▲孔雀石（剛果）（圖Ⅱ.36）

要將條痕定義成嚴謹的顏色果然還是有其難處。另外還希望各位留意的是，比條紋板硬的礦物（多半比石英還硬）就算在上頭刻劃也不會產生礦物粉末（會出現條痕板的粉末），所以無法看出它的條痕。

我們大致可將條痕看作四大類：

1：深灰～深棕～黑色
2：紅～橙～淺棕～黃色
3：綠～藍～紫色
4：白～灰～淺色（帶紅、帶黃、帶綠色等）

表Ⅱ.7按硬度列出了對應上述四種類型的主要礦物。

附帶一提，條痕絕大多數是白色（或無色），而且硬度7½以上的礦物，其條紋沒有明顯的顏色。

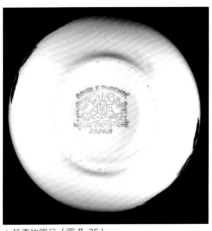

▲茶盞的圈足（圖Ⅱ.35）

此外，條痕會因粉末的顆粒大小出現差異。例如孔雀石，塊狀時呈現鮮豔的綠色，但磨成粉後顏色卻會逐漸變淡，等到其粉末呈現極細的狀態後，將變成微帶綠色的白色。就算是觀察礦物在條痕板上刻畫的顏色，也會發現刻劃面的顆粒大小不盡相同，顏色的濃度也不一樣（圖Ⅱ.36）。

條痕顏色	硬度1~3左右	硬度3~5左右	硬度5~7左右	7½以上
深灰～深棕～黑色	石墨、輝鉬礦、螺狀硫銀礦、脆銀礦、銅藍、羽毛礦、硫銻銅銀礦、車輪礦、輝銻礦、輝鉍礦、硫銻鉛礦、自然碲、方鉛礦、硫砷銅礦、斑銅礦、低輝銅礦、針硫鎳礦	自然砷、硫錳礦、磁黃鐵礦、黃銅礦、鎳黃鐵礦、黃錫礦、呂宋礦、古巴礦、黝銅礦、鎢鐵礦、錳鉀礦、直砷鐵礦、直錳礦	鉻鐵礦、磁鐵礦、錳鐵礦、鈦鐵礦、方鈾礦、褐釹釔礦、輝砷鈷礦、砷黃鐵礦、白鐵礦、輝砷鎳礦、黃鐵礦、鈮鐵礦、方錳礦、褐錳礦、黑柱石	
紅～橙～淺棕～黃色	雞冠石、石黃、辰砂、淡紅銀礦、濃紅銀礦、黃鉀鐵礬、輝銻銀礦、鉻鉛礦、自然銅、自然金	硫鎘礦、水釩銅鉛石、赤銅礦、閃鋅礦、纖鋅礦、菱鐵礦、紅鋅礦、黃磷鐵礦、鎢錳礦、針鐵礦	赤鐵礦、黑錳礦、紅鈦錳礦、紅簾石	
綠～藍～紫色	藍鐵礦、青鉛礦、逸見石、碲銅礦、氯銅礦	孔雀石、藍銅礦、水膽礬、磷錳石	青金石、纖矽釩銅石	
白～灰～淺色	滑石、葉蠟石、自然硫、綠銅鋅礦、石膏、岩鹽、自然鉍、高嶺石、角銀礦、自然銀、冰晶石、綠泥石、雲母、水鎂石、蛇紋石、膽礬、鉬鉛礦、鈣鈾雲母、硫酸鉛礦、方解石、碳鈉鋁石	矽孔雀石、水砷鋅石、水菱鎂礦、霰石、菱鍶礦、天青石、重晶石、銀星石、硬石膏、白鉛礦、明礬石、磷氯鉛礦、臭蔥石、螢石、菱鋅礦、菱錳礦、菱鎂礦、白雲石、異極礦、白鎢礦、矽灰石、磷酸鉛礦、魚眼石、磷灰石、榍石、矽硼鈣石、氟碳鈰礦、沸石	綠松石、鈣鈦礦、獨居石、板鈦礦、銳鈦礦、鋁方柱石、角閃石、褐簾石、蛋白石、方柱石、霞石、長石、錳橄欖石、硬柱石、紅矽鈣錳石、綠纖石、輝石、薔薇輝石、金紅石、錫石、斧石、葡萄石、自然鐵、鎂橄欖石、綠簾石、符山石、石英、大隅石、石榴石、電氣石、堇青石、十字石、矽線石、紅柱石、藍晶石	尖晶石、黃玉、金綠寶石、剛玉、碳矽石、鑽石

▲硬度與條痕（表Ⅱ.7）

不透明的硫化礦物條痕基本上是深灰～深棕～黑色。也有像灰色的輝鉬礦、紅色的濃紅銀礦這種例外。

濃紅銀礦剛生成時是半透明的，之後才會漸漸變得不透明。在新鮮（剛開裂後）與稍微放置一段時間後，或是蝕變進展迅速時，其條痕都會發生變化。譬如藍鐵礦新鮮時幾乎無色，但馬上就會變成藍色。再者，自然砷新鮮時也是銀白色，不過之後便會慢慢發黑。表Ⅱ.7顯示我們通常會看到的條痕。

硬度

運用硬度計或其替代品來判定目標礦物的硬度範圍。解理非常明確的礦物如果互相磨劃，偶爾會不小心讓解理面在劃傷前剝離。另外，解理和與其垂直相交的方向有時也會出現硬度的差異。藍晶石就是一種硬度會隨晶體方位大幅改變的礦物。其外觀如圖 II.37 所示。首先，在僅與 a 軸相交的晶面上，平行於 c 軸軸向的硬度是 4～5（圖中綠色箭頭的方向），平行於 b 軸軸向的是硬度 6～7（圖中紅色箭頭的方向）；其次，在只跟 c 軸相交的晶面上，其硬度為 5½～6½；再來是僅和 b 軸相交的晶面，晶面上的硬度是 7～7½，整體看來各晶面之間的差異相當大。此例是個例外，其他大部分礦物的硬度差距都限制在硬度 1 的範圍內。

硬度基本上大多是憑藉原子組態（原子鍵結的狀態）而定。換言之，如果在一定的體積中，每單位體積內都含有大量的原子，那礦物就會比較硬；反之則偏向柔軟。堆砌密度的大小可試著用單位體積的概念數值化。將單位晶格的體積除以進入其中的原子總數（不分原子種類），看到這個數值（以此為單位體積，其數字愈小，便代表原子堆砌得愈緊密）與莫氏硬度的關係即能明白這一點。

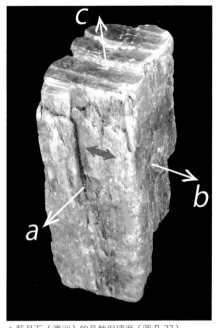

▲藍晶石（澳洲）的晶軸與硬度（圖 II.37）

當然，這只是一個平均值，所以兩者並不會在一條漂亮的直線上並排而立，而且例外也多不勝數。在矽酸鹽礦物中，島狀矽酸鹽、雙島狀矽酸鹽和鏈狀矽酸鹽幾乎均如理論所述，不過層狀矽酸鹽卻是密度高而硬度低（整體硬度降低的原因可能是層狀方向的強度與夾層之間的強度差別太大），環狀矽酸鹽、網狀矽酸鹽則有密度低且硬度測起來偏高的傾向。

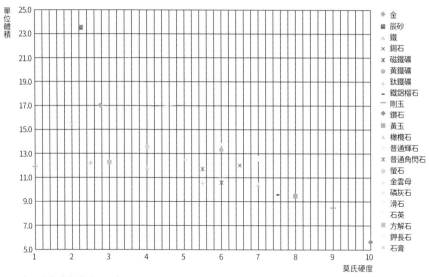

▲ 硬度－單位體積（圖Ⅱ.38）

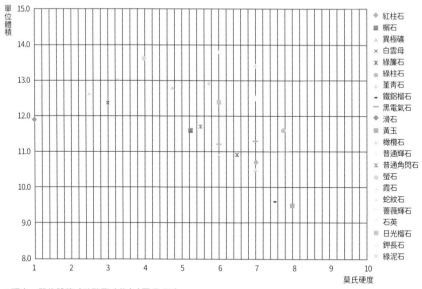

▲ 硬度－單位體積（矽酸鹽礦物）（圖Ⅱ.39）

硬度低的自然元素礦物和硫化礦物的數值往往相對分散。尤其石墨的密度很高，同時還有與層狀矽酸鹽相似的層狀結構，因此測出來的硬度非常低。此外，由於莫氏硬度的數值並非物理量，所以雖然它不會與實測物理量硬度（如維克氏硬度等）的數值和等級順序矛盾，但區間大小會有些歧異。

關於莫氏硬度從1到10的標準礦物及部分礦物，還有這兩者的硬度－單位體積的關係，如圖Ⅱ.38所示。

同時也對一部分的矽酸鹽礦物（納入硬度4的螢石以供參考）以同樣的圖來表示（圖Ⅱ.39）。

從黃玉大略連一條線到螢石，這條線的左下是層狀矽酸鹽（滑石、綠泥石、白雲母、蛇紋石），右上則是環狀矽酸鹽（菫青石、黑電氣石、綠柱石）和網狀矽酸鹽（霞石、鉀長石、日光榴石、石英）。鄰近線上的是島狀矽酸鹽（紅柱石、榍石、鐵鋁榴石、黃玉、橄欖石）、雙島狀矽酸鹽（異極礦、綠簾石）以及鏈狀矽酸鹽（普通輝石、普通角閃石、薔薇輝石）。

薔薇輝石內裡聚集了日光榴石的小型結晶，形成附著其上的草綠色礦塊。日光榴石是以鈹和硫為主成分的稀有矽酸鹽礦物。滋賀縣彥根市大堀礦山出產。左右長約70mm

▲日光榴石

磁性

　　若礦物靠近磁鐵時會被磁鐵吸住，就代表該礦物有很強的磁性。一般來說，會被普通磁鐵（鐵氧體磁鐵，FM）穩穩吸住的礦物，其種類十分有限。表Ⅱ.8顯現這種類型的主要礦物。另外，表Ⅱ.9則是表示會對稀土磁鐵（RM）產生反應的主要礦物——當然，稀土磁鐵也跟表Ⅱ.8中出現的礦物產生強烈反應。

　　附帶一提，有些礦物即使會因多少含有一點鐵而帶有顏色，但也不會對稀土磁鐵有所反應，像是金紅石、銳鈦礦、板鈦礦、紅柱石、藍晶石與堇青石。還有，大多數的含鐵硫化物（黃鐵礦、白鐵礦、黃銅礦、斑銅礦、砷黃鐵礦等）不會產生磁性反應。

　　此外，調查各種產地普通輝石的分離結晶後，發現其對磁鐵的反應相當強烈，但原因其實是結晶內含有磁鐵礦。如果製作礦物薄片，並用偏光顯微鏡觀察，就能充分明白這件事。其他還有很多許多岩石裡會含有一些磁鐵礦（如蛇紋岩、玄武岩、安山岩、花崗岩等）。

　　要研究這些岩石內部礦物的磁性，就必須把它們分離成細小碎片，並確保它們不含磁鐵礦，但這在現實中極其困難。而且，不僅僅是磁鐵礦，也要注意周遭是否還有其他的磁性礦物。

▲磁性

● 可被鐵氧體磁鐵穩穩吸住的主要礦物

元素礦物	自然鐵	自然鎳	鐵鎳礦	鐵鈷礦	等鐵鉑礦
	Fe	Ni	Ni_3Fe	CoFe	Pt_3Fe
硫化礦物	磁黃鐵礦*	菱硫鐵礦	硫複鐵礦	古巴礦	
	$Fe_{1-x}S(Fe_7S_8)$	Fe_9S_{11}	$Fe^{2+}Fe_2^{3+}S_4$	$CuFe_2S_3$	
氧化礦物	磁鐵礦	鎂鐵礦	錳鐵礦	四方錳鐵礦	磁赤鐵礦
	$Fe^{2+}Fe_2^{3+}O_4$	$MgFe_2^{3+}O_4$	$Mn^{2+}Fe_2^{3+}O_4$	$Mn^{2+}(Fe^{3+},Mn^{3+})_2O_4$	Fe_2O_3

*尤指鐵含量最低的單斜晶系礦物

● 可被鐵氧體磁鐵微弱吸住的主要礦物

氧化礦物	赤鐵礦	鉻鐵礦	鈦鐵礦	黑錳礦
	Fe_2O_3	$Fe^{2+}Cr_2^{3+}O_4$	$Fe^{2+}TiO_3$	$Mn^{2+}Mn_2^{3+}O_4$
矽酸鹽礦物	鈣鐵榴石	鐵鋁榴石	褐錳礦	鐵蛇紋石
	$Ca_3Fe_2^{3+}Si_3O_{12}$	$Fe_3^2Al_2Si_3O_{12}$	$Mn^{2+}Mn_6^{3+}SiO_{12}$	$(Fe^{2+},Mn^{2+},Fe^{3+})_{6-x}Si_4O_{10}(OH)_8$

▲ 會被磁鐵吸引的礦物（表 II.8）

● 對稀土磁鐵的反應

1 明顯	鉬鐵礦	菱鐵礦	菱錳礦	臭蔥石	鎢鐵礦	錳鋁榴石
	斧石[*1-1]	黑柱石[*1-2]	褐簾石	綠簾石[*1-3]	黑電氣石[*1-4]	鈣鐵輝石[*1-5]
	霓石	三斜錳輝石	矽錳輝石	綠鈉鈣閃石	紅矽鈣錳礦	鈹榴石
2 弱	閃鋅礦[*2-1]	方鐵錳礦	鈮鐵礦	榍石[*2-2]	獨居石	符山石
	綠纖石	薔薇輝石[*2-3]	蝕薔薇輝石	普通角閃石	黑雲母[*2-4]	黑硬綠泥石
3 微弱	藍鐵礦	鈣鋁榴石[*3-1]	海綠石			

*1-1　有的反應弱。可能是一部分的Fe^{2+}被Mg或Mn^{2+}取代的關係（產自宮崎縣尾小八重者反應明顯，產自大分縣尾平礦山者反應弱，產自靜岡縣入島者反應微弱）。

*1-2　有的反應弱。可能是一部分的Fe^{2+}被Mn^{2+}取代的關係（產自中國）。

*1-3　有的反應弱。例如Fe^{3+}較少的黃綠色結晶（產自長野縣下本入等地）。

*1-4　有的反應弱。接近其與鈉鎂電氣石中間的結晶（產自福島縣手代木等地）。

*1-5　有的反應弱。可能是一部分的Fe^{2+}被Mg或Mn^{2+}取代的關係（產自岐阜縣柿野礦山等地）。

*2-1　指含鐵的黑褐色礦種，鐵含量低的黃色礦種（即所謂的鱉甲閃鋅礦）無反應。

*2-2　通常無反應。黑褐色礦種可能含有少量的Fe（產自加拿大）。

*2-3　也有反應明顯的類型，可能是因為含有少量的Fe。

*2-4　隨著其成分往金雲母貼近，反應會從微弱變成完全沒有。

*3-1　純粹的鈣鋁榴石無反應。

▲ 稀土磁鐵會有所反應的主要礦物（表 II.9）

■ 利用測量儀器調查

螢光

一般來說，我們會去調查紫外線照射礦物時所能看見的螢光。查看在紫外線短波長（254nm）或長波長（365nm或375nm）下，礦物會發出什麼樣的螢光色。基本上，螢光是很微弱的光芒，所以要在黑暗中觀察它。

表 Ⅱ.10列出了螢光礦物的例子。即使是同一種礦物，螢光的有無、強弱、色調變化等狀態也有可能因產地、也就是痕量成分等（激發螢光的要素，人稱**催化劑**）因素的歧異而不同，所以此表僅供參考。再者，螢光的有無與強弱也會依紫外線手電筒的光線輸出而異。

很久很久以前，我曾經用紫外線手電筒照射過在南澳採集的矽鋅礦，可是當時完全觀察不到螢光。另外，白鎢礦跟鉬鈣礦在鎢與鉬的化學結構上不一樣，原子組態的形式則是完全相同。聽說可以從白鎢礦發出藍白色螢光，鉬鈣礦發出黃色螢光來區分這兩者。但我研究過岩手縣赤金礦山中具有強烈黃色螢光的礦物，卻發現它幾乎都是白鎢礦的化學結構。也許是普通分析無法檢測出的痕量成分所造成的影響吧。如同上述例子所示，單憑螢光的有無或色調來鑑定礦物並不容易。

雖然螢石這種礦物從名字來看好像全部都會發出螢光，可是在紫外線照射下能發出強光的螢石並不多。我在中國特產店購買的螢石會在紫外線下強烈發光，當時我曾把它帶去日本國立科學博物館研究。結果一查，原來它的表面被塗了一層螢光漆。試著把它切開以後就知道，裡面是幾乎沒有螢光的普通螢石。也請各位多多小心這種假貨。

除非對礦物照射紫外線，而且在關閉紫外線燈光後至少一到兩秒沒有發光，不然不能算已經觀察過磷光。群馬縣沼田市出產的矽鋅礦會發出幾秒左右的磷光，可以讓人看得很滿足。

鑽石常常也有會發出螢光或磷光的晶體。位於美國華盛頓的美國國立自然史博物館（史密斯森博物館群之一）目前正在展示一顆會發出紅色磷光長達90秒的鑽石。此為歷史上也很著名的藍色含硼鑽石（希望之鑽）。

礦物名	化學式	短波長	長波長
紅寶石	Al_2O_3	鮮紅	沒什麼變化
螢石	CaF_2	藍色等	沒什麼變化
岩鹽	$NaCl$	紅色等	微弱
方解石	$CaCO_3$	紅色等	微弱
白鉛礦	$PbCO_3$	微弱	淺黃
重晶石	$BaSO_4$	藍白等	微弱
石膏	$CaSO_4 \cdot 2H_2O$	藍白等	沒什麼變化
磷灰石	$Ca_5(PO_4)_3F$	黃色等	微弱
鈣鈾雲母	$Ca(UO_2)_2(PO_4)_2 \cdot 10\text{-}12H_2O$	黃綠	微弱
水砷鋅石	$Zn_2(AsO_4)(OH)$	綠	微弱
白鎢礦	$CaWO_4$	藍白	無
鉬鈣礦	$CaMoO_4$	黃	無
矽鋅礦	Zn_2SiO_4	綠	微弱
鋯石	$ZrSiO_4$	橘黃等	微弱
矽錫鈣石	$CaSnSiO_4$	黃綠	幾乎沒有
藍錐礦	$BaTiSi_3O_9$	藍	無
玉滴石（一種蛋白石）	$SiO_2 \cdot nH_2O$	綠	微弱
紫方鈉石（方鈉石）	$Na_4Al_3Si_3O_{12}Cl$	橘紅	沒什麼變化
鈣鈉柱石（鈉柱石）	$(Na,Ca_{0.5})_4Al_3Si_9O_{24}Cl$	微弱	黃

▲ 螢光礦物（表 II.10）

放射能

主要會以含鈾或釷的礦物觀察。在鈾、釷含量低的時候，或是依劑量計靈敏度而定，也有可能會無法檢測出放射能。

儘管微量，但花崗岩裡頭含有鋯石、獨居石、矽酸釷礦和方鈾礦等物質。普遍而言，鋯石和獨居石內鈾和釷的含量很少。矽酸釷礦跟方鈾礦則是以鈾和釷為主成分，不過從整塊岩石來看的話，它們內含的元素也只有超微量。

比如茨城縣筑波地區的花崗岩，其中每一噸是含有幾克（g）的鈾、十幾克的釷。儘管有一噸，但花崗岩的話，大概也只是厚約 37 公分，一公尺見方左右的小岩石，鈾和釷就包含在這樣的礦物裡面。

個人認為，不僅整個花崗岩的輻射劑量，連鋯石或獨居石的小礦塊本身的輻射劑量都很難用簡易劑量計來測量。在日本，花崗偉晶岩是生產小塊放射性礦物的主要來源。

▼產自日本偉晶岩的主要放射性礦物（表 II.11）

鈮釔礦	$(Y,Ce,U,Fe^{3+})(Nb,Ta,Ti)O_4$
鈮釔鈾礦	$(Fe,U,Y)NbO_4$
黑稀金礦	$(Y,Ca,Ce,U,Th)(Nb,Ta,Ti)_2O_6$
褐釹釔礦[*1]	$(Y,U,Ca,Fe)NbO_4$
方鈾礦	$(U,Th)O_2$
方釷礦	$(Th,U)O_2$
鈦稀金礦	$(Y,Ce,U,Th)(Zr,Nb)(Ti,Fe)_2O_7$
鈣鈾雲母[*2]	$Ca(UO_2)_2(PO_4)_2 \cdot 10\text{-}12H_2O$
銅鈾雲母[*3]	$Cu(UO_2)_2(PO_4)_2 \cdot 10\text{-}12H_2O$
矽酸釷礦[*4]	$(Th,U)SiO_4$
矽鈣鈾礦[*5]	$Ca(UO_2)_2[SiO_3(OH)]_2 \cdot 5H_2O$

※綠字礦物很常產生輻射變晶現象。

*1　有分正方晶系與單斜晶系（β型）兩種。

*2　結晶水有6的變型。

*3　結晶水有8的變型。

*4　用H₄取代Si的一部分後的產物名叫矽釷石。

*5　有α型和β型兩種（均為單斜晶系）。

表 Ⅱ.11列出了可確認具有顯著放射能的日本產礦物。有時其中一些礦物會被自身的放射能擾亂晶體中的原子組態，結果就算外形不變，內部也已經變成非晶質了。這種現象稱為**輻射變晶**。

即使無法檢測到小礦塊的放射能，但大量蒐集的話，自然就檢測得出來。很久以前有業者打算利用獨居石放出的微量放射能，讓家裡的浴缸變成溫泉風，所以大量蒐集了這種礦物，最後變成一個社會問題。鐳溫泉、氡222溫泉、氡220溫泉是聲稱具放射性療效的溫泉。

放射能的強度取決於來源物質每秒釋放多少的放射線（輻射）。放射線的種類有α射線（氦原子核）、β射線（電子的流動）、γ射線（高能電磁波）和中子射線（中子的高速流動）。

在一秒內放出任一上述射線的狀態，是以1貝克（Bq）為單位表示。這就是**輻射劑量**。

當我們暴露在放射線下時，會透過**劑量當量**來顯示其有害程度，並以名為西弗（Sv）的單位來表示。就算原始物質釋放出很高的輻射量，但只要遵守「遠離它」、「用鉛板等防護牆圍住它」、「不要長時間接近它」的原則，劑量當量就會降低下來。

順帶一提，人為降低原始物質放射能的方法並不存在。我們所能做的，僅僅是等待放射性核種衰變變成穩定核種而已。

整個鈾和釷元素皆由放射性核種組成。原始核種放射線減半所需的時間稱為半衰期。舉例來說，鈾238（^{238}U）（此編號是原子核內質子與中子數總和）的半衰期大約是45億年，之後便會成為穩定的鉛206（^{206}Pb）。

進行放射性衰變的核種叫**母核種**，其形成的核種則稱作**子核種**。由於鋯石中多少含有一些鈾，因此可以藉由母核種的半衰期與分析，取得母核種和子核種的量，以推測鋯石的形成時間。早期公布的那些岩石年齡，多半都是指其所含鋯石的年齡。

■ 化學反應

運用稀釋的鹽酸查看其與礦物的化學反應。使用時先用滴管抽取少量鹽酸，滴在載玻片上的礦物碎片或粉末上並觀察其化學反應。請不要把稀鹽酸直接滴在試樣上，畢竟有時看到的可能是別種共存礦物的反應。

另外，偶爾也會出現礦物融化的情形，所以量很少的試樣建議就別拿去實驗了。在某些情況下，也有可能產生儘管少量卻有毒的氣體，因此要在通風良好的地方進行實驗。

化學反應主要有下列四種：

・冒泡（排放二氧化碳）並融化

可在眾多碳酸鹽礦物上觀察到此現象。也有可能在常溫之下沒什麼反應，或是在打火機火源靠近時才出現冒泡現象。

・散發惡臭並融化

主要是因為產生硫化氫而引發惡臭。透過「除辰砂、輝鉬礦等以外的大部分硫化礦物」、「含硫矽酸鹽礦物（青金石、日光榴石）」可觀察到此現象。

・不冒泡卻融化

可於下列條件下觀察到此現象：「扣除貴金屬、銅、鉍、汞等部分元素外的自然元素礦物」、「部分氧化礦物（赤銅礦、針鐵礦、二氧化錳礦物等）」、「除螢石和角銀礦等部分礦物以外的鹵化物礦物」、「大多數的硼酸鹽礦物」、「除了重晶石和硫酸鉛礦等部分礦物以外的硫酸鹽礦物」、「扣除磷氯鉛礦、砷鉛礦、磷酸釔礦等部分礦物以外的磷酸鹽和砷酸鹽礦物」、「部分矽酸鹽礦物（斜矽鎂石、矽硼鈣石、異極礦、葡萄石、魚眼石、矽孔雀石、霞石、方柱石、沸石等大部分）」。

・無反應

大多以貴金屬元素礦物、氧化礦物和矽酸鹽礦物為主。實驗結束後，未融解的礦物請充分用水清洗過再保管或丟棄。

不只稀鹽酸，也可以用醋酸、草酸等化學藥劑，提取那些不會因酸而融化、埋在融解礦物（方解石等）裡的礦物結晶（如石榴石、符山石、尖晶石等）。此外，如果像這樣用藥劑做處理，那表面被一層褐鐵礦覆蓋的水晶也多半能變得乾淨漂亮。

如何讀懂化學式

特定礦物種類的一項重要因素是化學結構，而表示化學結構的是**化學式**。化學式藉由元素符號表示主要成分的元素種類，並以下標數字示意其含量比。舉例來說，石英的化學式是 SiO_2。這代表組成石英的所有原子有 1/3 為矽（Si），2/3 是氧（O），也就是 Si：O ＝ 1：2。

更複雜的化學式也基本不會改變。比如說，我們來了解一下本書 P.157 的紅簾石。

其化學式寫作 $Ca_2 Al_2 Mn^{3+}(Si_2O_7)(SiO_4)O(OH)$。雖然這條化學式裡出現了括弧（ ），但元素符號和下標數字的含義是基於完全一樣的規則而成立的。

讓我們先專注在氧的部分。氧分散在整條化學式的各個地方，總計為 13。假如忽略括弧，只採用組成原子的比例來改寫，就可以寫出最單純的化學式 $HCa_2Mn^{3+}Al_2Si_3O_{13}$。

下面我們來解說一下括弧的意思。此處必須考量到晶體的原子組態。這裡的括弧代表結構中存在的四面體（四個頂點為氧），其中心位置的原子是矽，這個四面體分別各有一組「兩個共享同一頂且相連的 Si_2O_7（有這個式子的矽酸鹽礦物稱為**雙島狀矽酸鹽礦物**）」和一組「獨立的 SiO_4（有這個式子的矽酸鹽礦物名叫**島狀矽酸鹽礦物**）」。因為在礦物分類上會以更聚縮類型的名稱來分類，所以紅簾石被歸類在雙島狀矽酸鹽礦物中。氫與一部分的氧結合變成 (OH)。它並不會以可在沸石中看到的 H_2O（結晶水）的形式呈現。

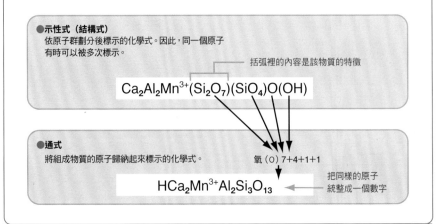

●**示性式（結構式）**
依原子群劃分後標示的化學式。因此，同一個原子有時可以被多次標示。

括弧裡的內容是該物質的特徵

$$Ca_2Al_2Mn^{3+}(Si_2O_7)(SiO_4)O(OH)$$

●**通式**
將組成物質的原子歸納起來標示的化學式。

氧（O）7＋4＋1＋1

$$HCa_2Mn^{3+}Al_2Si_3O_{13}$$

把同樣的原子統整成一個數字

第 III 章

礦物圖鑑

自然金 *Gold*

■ 化學式：（Au,Ag）
■ 晶　系：立方晶系
■ 比　重：19.3（純金）

鑑定要素

解理	無：斷面粗糙
光澤	金屬
硬度	2½～3：勉強可被方解石劃傷
顏色	金黃色：大致位於黃色範圍
條痕顏色	金黃色

磁性	FM：無反應　RM：無反應
晶面	雖說極其罕見，但亦可觀察到菱形、正方形或三角形
條紋	無

■ 聚集狀態

由微粒狀物質組成的集合體，呈不規則塊狀或箔狀、絲狀或樹枝狀等。

■ 主要產狀與共生礦物

熱液礦脈（石英、黃鐵礦、黃銅礦、方鉛礦、螺狀硫銀礦、輝銻礦、硫碲鉍礦、自然鉍等）（1-3），砂礦（呈砂金狀態，磁鐵礦、鈦鐵礦、辰砂等）（2-1），變質礦床（石英、鈣鐵榴石、閃鋅礦等）（3-1、3-2）。

■ 其他

幾乎沒什麼顏色變化，但會隨銀含量的增加而發白。外表近似黃鐵礦、黃銅礦，不過硬度和條痕顏色不同，因此很容易分辨。質地柔軟，富延展性，所以可輕易彎折絲狀自然金。

■ 自然金

左右長度：約20mm
產地：宮城縣氣仙沼市
　　　大谷礦山

產自石英脈中，伴生銀白色碲鉍礦，呈肉眼可見大小的顆粒～薄片狀。

■ 自然金

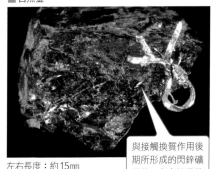

左右長度：約15mm
產地：埼玉縣秩父市
　　　秩父礦山大黑礦床

與接觸換質作用後期所形成的閃鋅礦相伴，產出絲狀的自然金。

■ 自然金

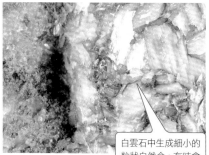

左右長度：約20mm
產地：埼玉縣長瀞町樋口

白雲石中生成細小的粒狀自然金。有時會伴隨白鎢礦生長。

■ 自然金

左右長度：約12mm
產地：長野縣茅野市
　　　金雞礦山

在分解後的輝砷鈷礦、石英或白雲母等礦物之間，可看到呈短絲狀、粒狀結構的自然金。

■ 自然金

左右長度：約10mm
產地：北海道紋別市
　　　八十士川

砂金形態的自然金。銀從表面淋溶後，黃金的克拉數有所增加。朱紅色的顆粒是辰砂。

■ 自然金

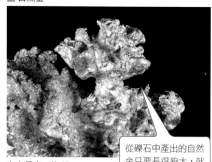

左右長度：約45mm
產地：澳洲

從礫石中產出的自然金只要長得夠大，就稱為塊金。照片上是塊金（約700公克）的一部分。

■ 自然金

左右長度：約30mm
產地：鹿兒島縣伊佐市
　　　山之野礦山

在低溫熱液礦脈礦床裡的石英脈空隙發現的晶體集合。儘管細微，卻能夠觀察到八面體面。

■ 自然金

左右長度：約35mm
產地：靜岡縣河津町
　　　繩地礦山

在低溫熱液礦脈礦床上常見的銀黑色條紋中，肉眼即可見的自然金（銀含量多，所以略呈白色）。一個切割研磨的標本。

自然銀 *Silver*

化學式：Ag
晶　系：立方晶系
比　重：10.5

鑑定要素

解理　無：斷面粗糙

光澤　金屬

硬度　2½～3：勉強可被方解石劃傷

顏色　銀白色：色相環以外

條痕顏色　銀白色

磁性　FM：無反應　RM：無反應

晶面　雖說極其罕見，但偶爾可觀察到菱形面、正方形面或八面體

條紋　無

■ 聚集狀態

由微粒狀物質組成的集合體，呈不規則塊狀或箔狀、鬚狀或樹枝狀等等。

■ 主要產狀與共生礦物

熱液礦脈（石英、斑銅礦、方鉛礦、螺狀硫銀礦、濃紅銀礦、硫銻銅銀礦等）(1-3)，氧化帶（石英、矽孔雀石、閃鋅礦等）(4)。

■ 其他

顏色變化單調，表面會因硫化銀而變黑。另外，有時也會顯示七彩的干涉色。富延展性，故而可輕易彎折鬚狀自然銀。

■ 自然銀

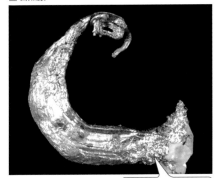

左右長度：約18mm
產地：北海道札幌市
　　　豐羽礦山

大量鬚狀的自然銀匯集在石英脈的空隙中。

■ 自然銀

左右長度：約30mm
產地：兵庫縣豬名川町
　　　多田礦山

自密集斑銅礦的礦石間隙中產出的箔狀自然銀，是二次生成的產物。

自然銅 *Copper*

化學式：Cu
晶　系：立方晶系
比　重：8.9

鑑定要素

解理 無：斷面粗糙

光澤 金屬

硬度 2½～3：勉強可被方解石劃傷

顏色 紅銅色：也可能因生鏽而使表面呈綠色或黑色（大致都在紅色範圍）

條痕顏色 紅銅色

磁性 FM：無反應　RM：無反應

晶面 雖說極其罕見，但也有菱形、正方形或三角形等形狀

條紋 無

■ 聚集狀態

呈不規則塊狀或箔狀、金線狀、樹枝狀等形狀的集合體。

■ 主要產狀與共生礦物

火成岩中（橄欖石、鎳黃鐵礦、頑火輝石、鈣長石等）（1-1），熱液礦脈（石英、斑銅礦、輝銅礦等）（1-3），變質礦床（石英、方解石、綠泥石、蛇紋石、鈉長石等）（3-1），氧化帶（石英、孔雀石、赤銅礦等）（4）。

■ 其他

幾乎沒什麼顏色變化，不過會在空氣中氧化，被黑褐色的氧化銅（黑銅礦）、綠色的含水碳酸銅（孔雀石等）所覆蓋。

■ 自然銅

左右長度：約15mm
產地：栃木縣鹽谷町
　　　日光礦山

跟赤銅礦一同在氧化帶的空隙中生成，是一塊具有六面體面和八面體面的結晶。

■ 自然銅

左右長度：約12mm
產地：東京三宅村
　　　赤場曉

鈣長石內含有超薄的膜狀自然銅，可認定這是一種出溶結構。

自然砷 *Arsenic*

化學式：As
晶　系：三方晶系
比　重：5.8

鑑定要素

解理 單一方向

光澤 金屬（新鮮時）：很快就會生鏽，隨後光澤會變得比較暗沉

硬度 3½：幾乎等同10日圓硬幣

顏色 錫白色（新鮮時），通常是黑褐色：大致位於色相環外

條痕顏色 錫白色（新鮮時），暗灰色（平常）

磁性 FM：無反應　RM：無反應

晶面 極為罕見，但有可能可以觀察到菱形

條紋 無

■ 聚集狀態

由微粒狀物質組成的集合體，呈不規則塊狀或層狀等等。有時菱面體結晶會聚在一起，組成金平糖狀。

■ 主要產狀與共生礦物

熱液礦脈（石英、自然金、輝銻礦、雞冠石等）（1-3），變質礦床（石英、黃鐵礦等）（3-1、3-2）。

■ 其他

通常標本的顏色是暗灰～黑褐色。表面可能形成白色的粉末（砷華或白砷石，As_2O_3）。這些礦物是與所謂的亞砷酸相當的化合物，帶有毒性，請多注意。

■ 自然砷

左右長度：約45mm
產地：福井縣福井市
　　　赤谷礦山

石英脈裡生出金平糖狀的自然砷。在同一產區的粘土經常看到，並且可以很乾淨地剝離下來。

■ 自然砷

左右長度：約95mm
產地：島根縣津和野町
　　　笹之谷礦山

細小晶體集合成層，不斷反覆堆疊這種層狀物質，最後形成葡萄狀的礦塊。

自然鉍 *Bismuth*

■ 化學式：Bi
■ 晶　系：三方晶系
■ 比　重：9.8

鑑定要素

解理 單一方向

光澤 金屬（新鮮時）：被氧化膜等物質包覆後，光澤變暗

硬度 2～2½：可被方解石劃傷

顏色 帶點粉紅的銀白色（新鮮時）：大致位於色相環外

條痕顏色 灰色

磁性 FM：無反應　RM：無反應

晶面 無法在天然結晶上看到

條紋 無（有時也可以看到因解理產生的條狀紋路）

■ **聚集狀態**

最後形成不規則塊狀的集合體。

■ **主要產狀與共生礦物**

熱液礦脈（石英、自然金、輝鉍礦、硫碲鉍礦、砷黃鐵礦、輝砷鈷礦等）（1-3），變質礦床（石英、鈣鐵-鈣鋁榴石、白鎢礦等）（3-2）。

■ **其他**

解理顯著，新鮮時會散發強烈的光澤。比起共生的輝鉍礦和硫碲鉍礦，這種礦物的特徵是略帶粉紅色。

第Ⅲ章 ◆ 礦物圖鑑

■ 自然鉍

左右長度：約55mm
產地：兵庫縣朝來市
　　　生野礦山

伴隨著輝砷鈷礦（表面生出粉紅色的鈷華），作為石英脈中的層狀集合體誕生。

■ 自然鉍

左右長度：約25mm
產地：長野縣茅野市
　　　向谷礦山

與自然金、三方碲鉍礦等礦物一起產於變質岩中的石英脈中。自然鉍周圍覆蓋著灰黑色的氧化物（鉍華等）。

自然硫 *Sulphur*（*Sulfur*）

化學式：S
晶　系：直方晶系
比　重：2.1

鑑定要素

解理	無：斷面呈貝殼狀或凹凸不平
光澤	樹脂～脂肪
硬度	$1\frac{1}{2}$～$2\frac{1}{2}$：可被方解石劃傷
顏色	黃色：大致位於黃色範圍
條痕顏色	接近白色的淺黃白色

磁性	FM：無反應　RM：無反應
晶面	尖銳三角形等。晶面中心部位甚至有很多凹陷的骸晶
條紋	無

■ 聚集狀態

最終形成不規則塊狀、層狀或鐘乳狀的集合體。細長的菱形雙錐晶體會聚集在噴氣孔的附近。位於從水底湧出硫磺的位置時，也有可能會變成一顆中空的球體（北海道大湯沼）。

■ 主要產狀與共生礦物

火山噴氣（蛋白石、方矽石、明礬石等）（1-4），氧化帶（石英、黃鐵礦等）（4）。

■ 其他

顏色不太變化，不過極端罕見的情況下會出現帶橘色的晶體。只要打火機的火一靠近，它就會燃燒。非常脆，也很容易掉粉。

■ 自然硫

左右長度：約40mm
產地：岩手縣雫石町
　　　葛根田地熱田

在火山噴氣所經過的空隙區域形成了一個細小的硫磺晶群。周圍的岩石早已蝕變，且矽化、粘土化。

■ 自然硫

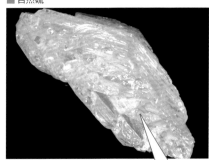

左右長度：約25mm
產地：群馬縣嬬戀村
　　　萬座溫泉

在火山噴氣孔附近形成的結晶。

石墨 *Graphite*

化學式：C
- 晶　系：六方、三方晶系
- 比　重：2.2

鑑定要素

解理　單一方向

光澤　金屬、土狀

硬度　1½：可被石膏劃傷

顏色　黑色：大致位於色相環外

條痕顏色　黑色

磁性　FM：無反應　RM：無反應

晶面　罕有六角形

條紋　無

■ 聚集狀態

細微鱗片狀的晶體呈不規則塊狀～土狀，很少出現六角板狀的晶形。

■ 主要產狀與共生礦物

深成岩中（斜長石、普通角閃石、磁黃鐵礦等）（1-1），沉積岩（煤礦、泥岩中等）（2-1），變質岩（石英、方解石、鐵鋁榴石、紅柱石等）（3-1、3-2）。

■ 其他

顏色不會變化。很像細鱗狀的輝鉬礦，但輝鉬礦的條痕顏色是鉛灰色，不是黑色，所以很容易區別。

■ 石墨

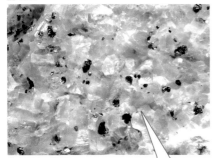

左右長度：約35mm
產地：岐阜縣飛驒市
　　　神岡礦山

略顯稀疏的六角鱗片狀結晶分散在結晶石灰岩中。

■ 石墨

左右長度：約55mm
產地：富山縣富山市
　　　高清水礦山

產自片麻岩內石墨礦床的塊狀礦。

螺狀硫銀礦 *Acanthite*

化學式：Ag₂S
晶　系：單斜晶系
比　重：7.2

鑑定要素

解理　無：斷面類似貝殼狀

光澤　金屬

硬度　2：可被指甲刮傷

顏色　灰黑色：大致位於色相環外

條痕顏色　黑色

磁性　FM：無反應　RM：無反應

晶面　從立方晶系轉移而成的晶體，是看的到正方形、正三角形等晶面的結晶

條紋　無

■ 聚集狀態

不規則粒狀、皮殼狀、箔狀、樹枝狀的集合。立方體或八面體的結晶是在高溫下取立方晶系結構而成。常溫下則是轉成單斜晶系。

■ 主要產狀與共生礦物

熱液礦脈（石英、黃銅礦、方鉛礦、閃鋅礦、濃紅銀礦、自然金等）

■ 其他

微小的結晶會與其他硫化礦物共生，在石英中形成黑色條紋狀的集合（大多數被稱為**銀黑**的金銀礦石）。在銀純度高的礦石空隙上，會生成單獨的螺狀硫銀礦集合體或晶體。以前有立方晶系外形的結晶稱作**輝銀礦**（argentite）。

■ 螺狀硫銀礦

左右長度：約10mm
產地：靜岡縣伊豆市
　　　清越礦山

礦脈空隙中，在石英上生成立方晶系後的螺狀硫銀礦。

■ 螺狀硫銀礦

左右長度：約25mm
產地：島根縣大田市
　　　大森礦山

以皮殼狀聚集體的形式產自蝕變火山岩的間隙中。

斑銅礦 *Bornite*

鑑定要素

解理 無：斷面呈貝殼狀或凹凸不平	**磁性** FM：無反應　RM：無反應
光澤 金屬	**晶面** 有正方形、正三角形、菱形等，儘管非常少見
硬度 3：勉強可被10日圓硬幣劃傷	**條紋** 無

顏色 紅銅（新鮮時）～紫藍色（置於空氣中）：從紅色到靛藍的區域

條痕顏色 黑灰色

■ 聚集狀態

不規則的塊狀，或者也會在礦脈空隙中形成立方體、十二面體。

■ 主要產狀與共生礦物

熱液礦脈（石英、黃銅礦、輝銅礦、勳銅礦、自然銀等）（1-3），變質礦床（閃鋅礦、黃銅礦、硫鉍銅礦、鈉長石、綠泥石等）（3-1、3-2）。

■ 其他

剛開裂的斷面呈紅銅色，之後會逐漸從紫色轉變成藍色（氧化膜的干涉色）。獨特的干涉色使其容易分辨。

第Ⅲ章 ◆ 礦物圖鑑

■ 斑銅礦

左右長度：約50mm
產地：奈良縣御所市
　　　三盛礦山

展現強烈紫色干涉色的斑銅礦。

■ 斑銅礦

左右長度：約45mm
產地：兵庫縣豬名川町
　　　多田礦山

展示強烈藍色干涉色的斑銅礦。

方鉛礦 *Galena*

化學式：PbS
晶　系：立方晶系
比　重：7.6

鑑定要素

解理 三組方向正交	**磁性** FM：無反應　RM：無反應
光澤 金屬	**晶面** 正方形、正三角形、六角形等
硬度 2½：勉強可被方解石劃傷	**條紋** 無
顏色 鉛灰色：大致位於色相環外	
條痕顏色 鉛灰色	

■ 聚集狀態

粒狀結晶組成不規則塊狀或是在礦脈空隙形成立方體、八面體晶群。此外，八面體晶面長得好會變成六角板狀結晶的集合體。

■ 主要產狀與共生礦物

熱液礦脈（石英、閃鋅礦、黃銅礦、黃鐵礦、濃紅銀礦、其他硫化礦物等）（1-3），黑礦礦床（閃鋅礦、黝銅礦、重晶石、石膏等）（1-3），變質礦床（閃鋅礦、黃鐵礦、方解石、菱錳礦、白雲石等）（3-1、3-2）。

■ 其他

雖然顏色不會變化，但長時間暴露在野外後，表面會變暗沉。位在氧化帶上的晶體，表面被白色硫酸鉛礦取代（有時可能連結晶內部都會被替換掉）。其顏色和頗具特色的解理（立方體的解理）很容易辨別。

■ 方鉛礦

左右長度：約70mm
產地：秋田縣北秋田市
　　　佐山礦山

主要由立方體面組成的結晶。可看到一部分的八面體面。

■ 方鉛礦

左右長度：約70mm
產地：埼玉縣秩父市
　　　秩父礦山大黑礦床

六角板狀的結晶。閃鋅礦在其上方生成，是很少見的出路。

閃鋅礦 *Sphalerite*

■ 化學式：(Zn,Fe)S
■ 晶　系：立方晶系
■ 比　重：3.9～4.1

鑑定要素

解理 六組方向：理想的解理片形狀是十二面體

磁性 FM：無反應
RM：鐵多的有反應

光澤 樹脂、鑽石

晶面 正三角形、菱形等

硬度 3½～4：可被不銹鋼鋼釘劃傷

條紋 有

顏色 黃棕色（鐵較少）～黑色（鐵較多）：包括從接近黃色的綠色部分到接近橙色的紅色範圍之間的深淺色調

條痕顏色 淺黃棕～棕色

鐵含量高

鐵含量低

■ 聚集狀態

不規則塊狀、葡萄狀、纖維狀，亦有可能是在礦脈空隙形成四面體結晶或它們的尖晶形雙晶，這種雙晶會不斷綿連生長。

■ 主要產狀與共生礦物

熱液礦脈（石英、方鉛礦、黃銅礦、黃鐵礦等）（1-3），黑礦礦床（方鉛礦、黃銅礦、重晶石、石膏等）（1-3），變質礦床（方鉛礦、黃鐵礦、方解石、磁黃鐵礦、鈣鐵輝石等）（3-1、3-2）。

■ 其他

雖說會導致誤判的礦物很少，但除非晶體形態清楚明確，否則無法辨識其與同質多形纖鋅礦的差異。一般來說，多為閃鋅礦。

■ 閃鋅礦

左右長度：約35mm
產地：秋田縣鹿角市
　　　尾去澤礦山

鐵含量較少的類型。也有俗稱為鱉甲閃鋅礦。

■ 閃鋅礦

左右長度：約45mm
產地：保加利亞，馬丹

鐵含量較多的類型。四面體結晶聚集成金平糖狀。

磁黃鐵礦 *Pyrrhotite*

- 化學式：$Fe_{1-x}S$ (x=0.1～0.2)
- 晶　系：單斜、六方、直方晶系
- 比　重：4.6～4.7

鑑定要素

解理	無：有時會有一組方向的開裂。斷面近似貝殼狀或凹凸不平
光澤	金屬
硬度	3½～4½：可被不銹鋼鋼釘劃傷
顏色	黃銅色：黃色到橙色的區間
條痕顏色	灰黑色

磁性	FM：有反應（單斜晶系的 Fe_7S_8 反應特別強） RM：有反應
晶面	有六角形、四角形等，但很罕見
條紋	有

■ 聚集狀態

通常是不規則的塊狀。在極少數情況下，也有可能從礦脈空隙中生成六角板狀的晶體。

■ 主要產狀與共生礦物

熱液礦床（石英、黃銅礦、閃鋅礦、黃鐵礦等）（1-3），變質礦床（閃鋅礦、黃銅礦、黃鐵礦、磁鐵礦、菱鐵礦、鈣鐵輝石等）(3-1、3-2)。

■ 其他

敲開當下，顏色看起來相當白。容易生鏽，表面會由紅棕色轉變成濃棕色。在新鮮狀態下的粒狀結晶非常像黃鐵礦。檢查一下有無磁性。六方晶系的 FeS 稱為**隕硫鐵**（troilite），本身不帶有磁性。這種礦物可以在隕石或稀少的地球岩石看到，不過不會產出大型的礦塊。

■ 磁黃鐵礦

左右長度：約70mm
產地：茨城縣笠間市
　　　加賀田礦山

伴隨著矽卡岩礦物之一的鈣鐵輝石，以塊狀形式產出。

■ 磁黃鐵礦

左右長度：約35mm
產地：埼玉縣秩父市
　　　秩父礦山

在矽卡岩的空隙中生成的六角厚板狀晶群。

銅藍 *Covellite*

鑑定要素

解理 單一方向

磁性 FM：無反應　RM：無反應

光澤 金屬～類金屬

晶面 六角形等

硬度 1½～2：可被指甲刮傷

條紋 無

顏色 靛藍～靛青色（有的也會略帶紫色）：從靛藍到附近紫色的區塊

條痕顏色 灰黑色

■ 聚集狀態

不規則的粒狀、土狀、皮膜狀。很罕見的情況下，可能會在礦脈的空隙中形成六角薄板狀的結晶。

■ 主要產狀與共生礦物

熱液礦床（石英、黃銅礦、硫砷銅礦、黃鐵礦等）（1-3），氧化帶（閃鋅礦、黃銅礦、黃鐵礦、輝銅礦等）（4）。

■ 其他

一種銅礦物的次生礦物，以前會把靛青色的礦物當成銅藍，不過在認識到有 Cu 跟 S 的比例非一比一的礦物（例如雅硫銅礦(Cu_9S_8)、高硫銅礦($Cu_{39}S_{28}$)）存在後，就變得比較難分辨了。其具有即使彎曲也不易折斷的性質，晶體的邊緣像捲起來一樣呈圓形。

■ 銅藍

左右長度：約40mm
產地：秋田縣小坂町
　　　小坂礦山

在黑礦的空隙裡閃耀金屬藍鮮豔色澤的晶群。

■ 銅藍

左右長度：約8mm
產地：山梨縣北杜市
　　　增富礦山

在礦脈空隙中，伴隨少量硫砷銅礦而生的六角薄板狀結晶。

辰砂 *Cinnabar*

化學式：HgS
- 晶 系：三方晶系
- 比 重：8.2

鑑定要素

解理	三組方向以60°斜角相交	**磁性**	FM：無反應　RM：無反應
光澤	鑽石～類金屬	**晶面**	菱形等
硬度	2～2½：可被方解石劃傷	**條紋**	有
顏色	深紅色：紅色範圍		
條痕顏色	朱紅～帶橘紅色		

■ 聚集狀態

由微粒狀物質組成不規則的塊狀或皮殼狀結晶，罕有在礦脈空隙中形成菱面體、六角柱～短柱狀結晶的情況。

■ 主要產狀與共生礦物

浸染狀熱液礦脈（除了石英和黃鐵礦外都不是共生）（1-3），砂礦（鐵砂、砂金等）。尤其是北海道（2-1），變質錳礦床（黑錳礦、菱錳礦等）（3-1、3-2）。

■ 其他

幾乎沒有什麼顏色變化，但表面會在空氣中變成暗紅色。跟新鮮的雞冠石很像，不過雞冠石的條痕顏色是很明顯的黃～橘色，所以很容易區分。很脆，晶體容易損傷。

■ 辰砂

左右長度：約45mm
產地：北海道置戶町紅之澤

在石英脈的空隙中作為菱面體結晶的集合體而生，周圍沒有其他礦物伴生。

■ 辰砂

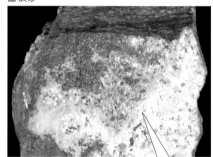

左右長度：約55mm
產地：奈良縣宇陀市
　　　大和水銀礦山

生成於粘土化的角礫狀母岩上，呈浸染狀。

雞冠石 *Realgar*

化學式：As$_4$S$_4$
- 晶　系：單斜晶系
- 比　重：3.6

鑑定要素

解理	單一方向

磁性	FM：無反應　RM：無反應

光澤 樹脂、脂肪

晶面 六角形、矩形等

硬度 1½～2：可被指甲刮傷

條紋 有：與柱面延伸方向平行

顏色 鮮紅～帶橘紅色：從接近橘色的紅色區到整個紅色區域的範圍

條痕顏色 橘紅色

■ 聚集狀態

不規則的塊狀、粒狀，或是生長在礦脈空隙，略呈扁平的四角或八角柱狀結晶。

■ 主要產狀與共生礦物

熱液礦脈（石英、石黃、輝銻礦、黃鐵礦等）（1-3）。

■ 其他

如果長時間暴露在陽光下，就會轉移到黃色的副雄黃（pararealgar）（一種異於石黃的礦物）上。其與辰砂的差別，可用條痕顏色或是一定數量礦塊的比重差異（辰砂是8.2）來區分會比較容易。

第Ⅲ章 ◆ 礦物圖鑑

■ 雞冠石

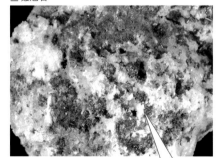

左右長度：約45mm
產地：北海道札幌市
　　　手稻礦山

產於石英脈中的粒狀或短柱狀結晶。

■ 雞冠石

左右長度：約30mm
產地：宮城縣栗原市
　　　文字礦山

在熱液換質岩上呈浸染狀生成，有時可以在其富集範圍發現柱狀結晶。

黃銅礦 *Chalcopyrite*

化學式：CuFeS$_2$
■ 晶　系：正方晶系
■ 比　重：4.3

鑑定要素

解理 無：斷面不平整	**磁性** FM：無反應　RM：無反應
光澤 金屬	**晶面** 三角形等
硬度 3½～4：可被不鏽鋼鋼釘劃傷	**條紋** 有
顏色 黃銅色：大致位於黃色範圍	
條痕顏色 帶黃綠的黑色	

■ 聚集狀態

不規則的塊狀、在礦脈空隙中形成的四面體結晶，亦或這兩者的穿插雙晶均有可能。

■ 主要產狀與共生礦物

熱液礦脈（石英、黃鐵礦、斑銅礦、勛銅礦、方鉛礦等）（1-3），變質礦床（閃鋅礦、黃鐵礦、磁黃鐵礦、石英、綠泥石等）（3-1、3-2）。

■ 其他

顏色不會變化，但有可能氧化變成黑褐色。另外，也有可能被綠色的碳酸銅化合物包覆。粒狀和塊狀的黃銅礦和黃鐵礦很類似，不過可以透過硬度來辨別。

■ 黃銅礦

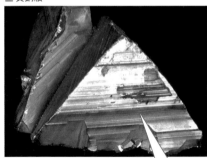

左右長度：約50mm
產地：秋田縣大仙市
　　　荒川礦山

呈雙晶，形態獨特，因此人稱**三角銅**。

■ 黃銅礦

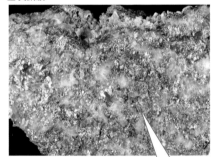

左右長度：約55mm
產地：栃木縣日光市
　　　足尾礦山

以填滿石英顆粒間空間的不規則塊狀結晶而生。

石黃（雄黃、雌黃）*Orpiment*

化學式：As_2S_3
■ 晶　系：單斜晶系
■ 比　重：3.5

鑑定要素

解理　單一方向

光澤　樹脂（解理面為珍珠）

硬度　1½～2：可被指甲刮傷

顏色　亮黃～橘黃色：從鄰近橘色的黃色區到黃色整體的範圍

條痕顏色　黃色

磁性　FM：無反應　RM：無反應

晶面　五角形、梯形、三角形等

條紋　無：可在部分柱面上看到因解理產生的條狀紋路

■ **聚集狀態**

不規則的塊狀、皮殼狀、球狀、金平糖狀，或是在礦脈空隙中生長良好的扁平四角或八角柱狀結晶。

■ **主要產狀與共生礦物**

熱液礦脈（石英、雞冠石、輝銻礦、銻雌黃等）（1-3），火山昇華物和溫泉沉澱物（自然硫、褐硫錳礦、黏土礦物等）（1-4）。

■ **其他**

其特徵在於獨特的黃色，以及解理面上顯著的珍珠光澤。和名有與雞冠石混淆使用的情況，據說原本是叫雌黃，但後來不小心用了原本指稱雞冠石的石黃和雄黃。

■ 石黃

左右長度：約30mm
產地：青森縣陸奧市恐山

可在火山噴氣區見到的細柱狀結晶呈放射狀聚集而成的球狀礦塊。

■ 石黃

左右長度：約25mm
產地：中國湖南省

大型柱狀結晶的集合體。具有柔軟性，晶體尖端呈圓形。

第Ⅲ章　◆　礦物圖鑑

輝銻礦 *Stibnite*

化學式：Sb_2S_3
- 晶　系：直方晶系
- 比　重：4.6

鑑定要素

解理　單一方向

光澤　金屬

硬度　2：可被指甲刮傷

顏色　鉛灰色：大致位於色相環外

條痕顏色　鉛灰色

磁性　FM：無反應　RM：無反應

晶面　矩形、三角形等

條紋　有

■ 聚集狀態

針狀和柱狀結晶以類平行連晶、放射狀或不規則形狀聚集在一起。不會長成粒狀或塊狀。晶體尖端通常很銳利，有時細長的柱狀結晶也可能呈彎曲狀。

■ 主要產狀與共生礦物

熱液礦床（石英、黃鐵礦、輝鐵銻礦、自然金、砷黃鐵礦等）（1-3），變質礦床（閃鋅礦、黃銅礦、斑銅礦、方解石、綠泥石等）（3-1、3-2）。

■ 其他

缺乏顏色變化。以細長針狀結晶來說，很難分辨其與羽毛礦（$Pb_4FeSb_6S_{14}$）、輝鐵銻礦（$FeSb_2S_4$）的不同。表面有時會包覆一層白色～淺黃色的氧化膜（多為黃銻華，$Sb^{3+}Sb_2^{5+}O_6(OH)$）。

■ 輝銻礦

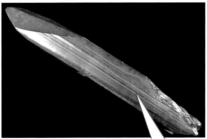

左右長度：約140mm
產地：愛媛縣西條市市之川礦山

產自礦脈空隙的大型輝銻礦晶體。特徵是與晶體延伸方向平行的條紋，以及尖銳的前端。

■ 輝銻礦

左右長度：約45mm
產地：和歌山縣日高川町船原礦山

礦脈空隙中，生長在水晶上的小型柱狀結晶。明顯呈彎曲狀。

黃鐵礦 *Pyrite*

化學式：FeS$_2$
■ 晶　系：立方晶系
■ 比　重：5.0

鑑定要素

解理	無：斷面呈貝殼狀或凹凸不平

光澤 金屬

硬度 6～6½：可被石英劃傷

顏色 黃銅色：從黃色到橙色的範圍

條痕顏色 灰黑色

磁性	FM：無反應　RM：無反應

晶面 正方形、三角形、五角形等

條紋 有

■ 聚集狀態

相對來說更容易形成自形結晶，這種礦物會以單獨或集合體的形態在母岩中生長。在礦脈的空隙裡也會形成類似的聚集狀態。此外還有球狀、圓盤狀等形狀。

■ 主要產狀與共生礦物

熱液礦床（石英、黃銅礦、閃鋅礦、方鉛礦等）（1-3），沉積岩（泥岩、煤礦之中等）（2-1），變質礦床（閃鋅礦、黃銅礦、磁鐵礦、方解石、綠泥石等）（3-1、3-2）。

■ 其他

雖說有些偏白，有些呈棕色，但顏色變化單調。與黃銅礦和自然金的差異可透過硬度確認，磁黃鐵礦則仰賴有無磁性來檢查。儘管砷黃鐵礦亦與其相似，但因為它多半產出自形結晶（截面為菱形），所以能予以區分。風化後表面變成褐鐵礦（幾乎都是針鐵礦）的情況也很多。白鐵礦是直方晶系的同質多形，其原子組態迥異，但要是晶形沒有明顯不同就無法辨識出來。

■ 黃鐵礦

左右長度：約10mm
產地：福井縣蘆原市
　　　劍岳礦山

主要呈現出五角十二面體和八面體面的結晶。

■ 黃鐵礦

左右長度：約40mm
產地：岩手縣北上市
　　　和賀仙人礦山

主要由六面體面形成的晶群，原本埋在矽卡岩礦床的粘土裡。

■ 黃鐵礦

左右長度：約55mm
產地：岩手縣久慈市
　　　琥珀礦場

小型的黃鐵礦放射狀集合體，發現於伴生琥珀的煤礦之中。

■ 黃鐵礦

左右長度：約50mm
產地：群馬縣南牧村
　　　三岩岳

位在細小水晶與鈣鐵榴石的晶群之上，表面被褐鐵礦取代的黃鐵礦。

■ 黃鐵礦

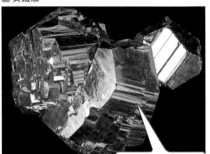

左右長度：約60mm
產地：秋田縣大仙市
　　　宮田又礦山

產於礦脈空隙，條紋和微小晶面發達的五角形十二面體結晶。

■ 黃鐵礦

左右長度：約45mm
產地：青森縣大間町
　　　奧戶礦山

一個八面體晶群，產自包裹在粘土中的硫化物礦體。剛沖洗掉黏土時光輝顯著。放置一個月後，就會失去大部分的光澤度。

■ 黃鐵礦

晶體尺寸：約12mm
產地：東京都小笠原村
　　　父島

一個幾乎完全由黃鐵礦的礦塊，產自換質黏土帶，空隙裡只能窺見五角十二面體結晶，還出現了稀有的雙晶。

■ 黃鐵礦化的菊石

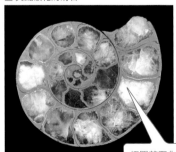

左右長度：約30mm
產地：法國

切開菊石化石，即可確定其殼壁已被黃鐵礦取代。位於外側的黃鐵礦經常被氧化成褐鐵礦。

砷黃鐵礦 *Arsenopyrite*

化學式：FeAsS
- 晶　系：單斜晶系
- 比　重：6.0～6.2

鑑定要素

解理	單一方向	**磁性**	FM：無反應　RM：無反應
光澤	金屬（新鮮時）：被氧化膜等物質覆蓋，使光澤變暗	**晶面**	菱形、三角形、六角形、矩形、梯形等
硬度	5½～6：可被工具鋼劃傷	**條紋**	有
顏色	銀白～鋼灰色（新鮮時）：生鏽後偏黃色（雖接近黃色區，但大致位於色相環外）		
條痕顏色	大致黑色		

■ 聚集狀態

會形成不規則的粒狀或塊狀，不過菱形柱狀～菱短柱（菱餅）狀的結晶集合體也很常見。

■ 主要產狀與共生礦物

熱液礦脈（石英、黃鐵礦、黃銅礦、磁黃鐵礦、鎢鐵礦等）（1-3），變質礦床（石英、方解石、閃鋅礦、黃鐵礦等）（3-2）。

■ 其他

呈塊狀時很難與黃鐵礦區分，不過顏色比黃鐵礦白一點是它的特徵。儘管晶形略有不同，但也近似於直砷鐵礦（$FeAs_2$）。原則上，這種礦物不會和黃鐵礦這種硫含量高的礦物共存，可憑這一點來辨別。

■ 砷黃鐵礦

左右長度：約115mm
產地：京都府龜岡市
　　　大谷礦山

產於石英脈的空隙，形成近似立方體的菱形結晶，附近也有白鎢礦、錫石、白雲母等礦物伴隨。

■ 砷黃鐵礦

左右長度：約25mm
產地：埼玉縣秩父市
　　　秩父礦山大黑礦床

在矽卡岩礦床空隙中，與閃鋅礦、石英等礦物一同生長的菱短柱狀晶群。

輝鉬礦 *Molybdenite*

- 化學式：MoS₂
- 晶　系：六方、三方晶系
- 比　重：4.8

鑑定要素

解理 單一方向

光澤 金屬

硬度 1～1½：可被石膏劃傷

顏色 鉛灰色：大致位於色相環外

條痕顏色 鉛灰色

磁性 FM：無反應　RM：無反應

晶面 有六角形等形狀，雖然很罕見；多半觀察解理面

條紋 無：可在柱面上看到因解理產生的條狀紋路

■ 聚集狀態

細微的鱗片狀結晶類聚（看起來很像泥塊）。六角板狀結晶單獨埋藏在石英中。

■ 主要產狀與共生礦物

偉晶岩與熱液礦脈（石英、黃鐵礦、白鎢礦、鎢鐵礦、白雲母等）（1-2、1-3），變質礦床（石英、白鎢礦、鈣鐵-鈣鋁榴石、鈣鐵輝石-透輝石等）（3-2）。

■ 其他

細小晶體近似石墨，但可藉由條痕顏色的不同來區分。具有柔軟性，所以晶體尖端也有可能呈圓形。

■ 輝鉬礦

左右長度：約35mm
產地：山梨縣北杜市
　　　鞍掛礦山

產於石英脈空隙中的六角板狀結晶集合體，被附近硫化鐵分解後所形成的棕色氫氧化鐵所包覆。

■ 輝鉬礦

左右長度：約60mm
產地：岐阜縣白川村
　　　平瀨礦山

在日本規模最大的鉬礦床的石英脈中產出的大型六角板狀結晶，並未伴生其他礦物。

黝銅礦 - 砷黝銅礦
Tetrahedrite - Tennantite

化學式：Cu_6〔$Cu_4(Fe,Zn)_2$〕
$(Sb,As)_4S_{13}$
- 晶　系：立方晶系
- 比　重：5.1～4.6

鑑定要素

解理 無：斷面類似貝殼狀或凹凸不平

光澤 金屬

硬度 3½～4：可被不鏽鋼鋼釘劃傷

顏色 灰黑色：大致位於色相環外

條痕顏色 棕黑色

磁性 FM：無反應　RM：無反應

晶面 三角形等

條紋 有

■ 聚集狀態

不規則塊狀，也有可能會在礦脈空隙中形成四面體結晶。

■ 主要產狀與共生礦物

熱液礦床（石英、黃銅礦、閃鋅礦、重晶石、菱錳礦等）（1-3），變質礦床（閃鋅礦、黃銅礦、斑銅礦、方解石、綠泥石等）（3-1、3-2）。

■ 其他

顏色變化單調，如果晶形不明顯就很難區分。再者，由於黝銅礦與砷黝銅礦的化學結構是連續關係，所以難以透過肉眼辨別。由銀占主導的銀黝銅礦，Te＞Sb、As 的碲黝銅礦也不可能透過肉眼辨識。另外，鋅含量多的晶體，其略帶棕色的條痕顏色會更偏棕色調一點。最近學界對黝銅礦 - 砷黝銅礦做了細分，例如鋅含量多的黝銅礦就取名為「Tetrahedrite-(Zn)」。

■ 黝銅礦

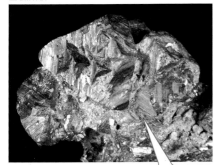

左右長度：約40mm
產地：北海道札幌市
　　　手稻礦山

一個黝銅礦四面體結晶的集合。

■ 砷黝銅礦

左右長度：約15mm
產地：秋田縣大館市
　　　花岡礦山

產自黑礦礦床的砷黝銅礦四面體結晶。

濃紅銀礦 *Pyrargyrite*

- 化學式：Ag₃SbS₃
- 晶　系：三方晶系
- 比　重：5.9

鑑定要素

解理	三組方向：不太清楚	**磁性**	FM：無反應　RM：無反應
光澤	鑽石	**晶面**	有菱形、矩形等，儘管很少見
硬度	2½：勉強可被方解石劃傷	**條紋**	有：錐面上的菱形

顏色　深紅～紅黑色：在紅色區，偏向色相環的黑色方向

條痕顏色　棕紅色

■ 聚集狀態

不規則粒狀結晶的塊狀、皮膜狀集合體，六角柱狀、六角雙錐狀結晶較罕見。

■ 主要產狀與共生礦物

熱液礦脈（石英、螺狀硫銀礦、硫銻銅銀礦等）（1-3）。

■ 其他

長時間照射陽光會變黑，不過因為條痕顏色是紅色的，所以能跟其他銀礦做出區分。只是，跟用 As 取代 Sb 的淡紅銀礦（proustite）放在一起就很難辨別。淡紅銀礦的條痕顏色被認定為朱紅色，但由於也有一些中間色存在，因此很難鑑別出來。

■ 濃紅銀礦

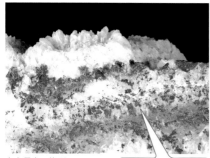

左右長度：約40mm
產地：北海道惠庭市
　　　光龍礦山

呈皮膜狀，產自石英脈中銀礦富集的區域。黑色的皮膜狀礦物主要是螺狀硫銀礦。

■ 濃紅銀礦

左右長度：約25mm
產地：鹿兒島縣市來串木野市串木野礦山

一個六方柱狀結晶，產於石英脈裡銀礦物富集的空隙之中。伴生微粒狀的螺狀硫銀礦或硒銀礦（Ag₂Se）等礦物。

赤銅礦 *Cuprite*

化學式：Cu$_2$O
- 晶　系：立方晶系
- 比　重：6.2

鑑定要素

解理	無：斷面呈貝殼狀或觸感粗糙
光澤	鑽石～類金屬
硬度	3½～4：可被不鏽鋼鋼釘劃傷
顏色	紅～紅黑色：大致位於紅色範疇，靠近色相環的黑色
條痕顏色	紅橙色

磁性	FM：無反應　RM：無反應
晶面	正方形、三角形、菱形等
條紋	無

■ 聚集狀態

不規則塊狀或箔狀，亦或展現出立方體、八面體的晶形。很少形成針狀或絨毛狀之類的晶形。

■ 主要產狀與共生礦物

氧化帶（石英、孔雀石、矽孔雀石、自然銅等）（4）。

■ 其他

幾乎沒什麼顏色變化，不過箔狀和絨毛狀的晶體可能呈鮮豔紅色，大型的結晶也有可能黑色調比較明顯。

■ 赤銅礦

左右長度：約55mm
產地：秋田縣大仙市
　　　龜山盛礦山

與孔雀石、褐鐵礦一同產自氧化帶的石英脈中。

■ 赤銅礦

左右長度：約15mm
產地：俄羅斯，西伯利亞

一個看上去差不多是黑色的八面體結晶。如果用強光照射觀察，便會透射出紅色。

方錳礦 *Manganosite*

化學式：MnO
■ 晶　系：立方晶系
■ 比　重：5.4

鑑定要素

解理 三組方向：不太清晰，而且幾乎沒有足以看到解理的大顆晶體

光澤 玻璃（新鮮時）

硬度 5½：可被工具鋼劃傷

顏色 翡翠綠（新鮮時）：綠色範圍，放在空氣中會逐漸由棕色變成黑色

條痕顏色 棕色

磁性 FM：無反應　RM：無反應

晶面 三角形、正方形，非常罕見

條紋 無

■ 聚集狀態

不規則的塊狀細晶粒，極少呈現立方體或正八面體晶形。

■ 主要產狀與共生礦物

變質錳礦床（菱錳礦、黑錳礦等）（3-1、3-2）。

■ 其他

沒有顏色的變化，但一般大小的礦塊在空氣中會馬上從棕色變為黑色。不過，大型晶粒的黑化極為緩慢。

■ 方錳礦

左右長度：約350mm
產地：滋賀縣高島市 熊畑礦山

切割並研磨內含方錳礦的礦石後，立刻會顯現出鮮豔的綠色。

■ 方錳礦

左右長度：350mm
產地：滋賀縣高島市 熊畑礦山

切開一段時間後，大致會變成棕色～黑棕色。仔細觀察，會發現部分區域殘留了一點綠色。

剛玉 *Corundum*

鑑定要素

解理 無：斷面呈貝殼狀或觸感粗糙。不過有時會因重複形成的雙晶，出現與底面（{0001}面）平行的開裂

光澤 玻璃

硬度 9：莫氏硬度的標準

顏色 無色（原則上無色）：涵蓋幾乎所有的顏色範圍，深淺變化也很豐富

條痕顏色 白色

磁性 FM：無反應
RM：無反應（但當包裹體中存在磁鐵礦時，就會發生反應）

晶面 六角形、細長三角形、梯形、矩形等

條紋 有：晶柱延伸的方向與垂直方向，底面則是三角形

■ 聚集狀態

呈不規則塊狀，或六角板狀至柱狀結晶、紡錘狀（啤酒桶型）晶形。

■ 主要產狀與共生礦物

鹼性深成岩及其偉晶岩（霞石、鹼性長石、霓石、鈉鐵閃石等）（1-1）。花崗偉晶岩（鈉長石、白雲母、紅柱石等）（1-2），熱液換質岩（水鋁石、紅柱石等）（1-3），變質岩（方解石、尖晶石、白雲母、黝簾石、鈉長石等）（3-1、3-2）。

■ 其他

由於剛玉僅與缺乏矽酸的礦物產狀共生，因此即使產狀中存在石英（例如花崗偉晶岩），也不會與石英直接接觸。會根據顏色變化賦予變種名稱（寶石名）。只有深紅色的是紅寶石，其他顏色和無色的都算藍寶石。取名時在「藍寶石」一詞前綴顏色，例如淺紅色稱為**粉紅藍寶石**，黃色則稱作**黃色藍寶石**。不過，帶有一點橘色的粉紅色品種有一個特殊的名字——**蓮花藍寶石**。將包裹體發達的品種切割成圓形且散發出星狀光彩的寶石，稱作**星彩紅寶石**、**星彩藍寶石**等等。紅色到粉紅色品種會在長波紫外線的照射下發出紅色光芒。

■ 剛玉

左右長度：約30mm
產地：岐阜縣飛驒市羽根谷

產自由石英、鉀長石和黑雲母組成的飛驒片麻岩內，被白雲母（由於含有少量的鉻而帶有淺綠色）包圍的啤酒桶狀淺粉紅色剛玉（這也含有微量的鉻）。可看出裂痕幾乎與晶體延伸方向呈直角。

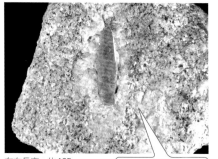

左右長度：約105mm
產地：印度，
　　　泰米爾那都州

紅寶石，主要生長在
被鉀長石包圍的片麻
岩中。

■剛玉

左右長度：約60mm
產地：熊本縣宇城市松橋

在肥後變質帶的部分
粒變岩（因高溫變質
作用所形成的變質
岩）裡，伴隨著鐵鋁榴
石、鐵尖晶石等礦物
一同生長的藍寶石。

■剛玉

左右長度：約18mm
產地：岩手縣一關市
　　　興田

剛玉經常在富含鋁的泥質
岩發生接觸變質作用時形
成。伴生鐵尖晶石、矽線
石等礦物。

■剛玉

左右長度：約45mm
產地：富山縣南礪市高沼

飛驒片麻岩也會出產
淺藍色的藍寶石。主
要伴生黑色石墨和白
色方解石（結晶石灰
岩）。

■剛玉

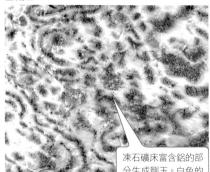

左右長度：約55mm
產地：廣島縣庄原市勝光山

凍石礦床富含鋁的部
分生成剛玉。白色的
部分是葉蠟石、水鋁
石等。

■剛玉

晶體尺寸：約28mm
產地：馬達加斯加

從石灰質片麻岩裡分
離出的六角厚板狀結
晶。開裂使晶體表面
出現條紋。

94

赤鐵礦 *Hematite*

化學式：Fe_2O_3
晶　系：三方晶系
比　重：5.3

鑑定要素

解理 無：斷面類似貝殼狀或觸感粗糙。不過有時也會出現與底面（{0001}）、菱形面（{10$\bar{1}$1}）平行的開裂

光澤 金屬、土狀

硬度 5～6：可被工具鋼劃傷

顏色 鋼灰～黑色（較粗的晶體）、紅色（塊狀、土狀）：幾乎位於紅色範圍

條痕顏色 紅～紅棕色

磁性 FM：無反應（但部分磁鐵礦化後的晶體有反應）
RM：反應明顯

晶面 六角形、細長三角形、梯形、菱形等

條紋 有：晶柱延伸的方向與垂直方向，底面則是三角形

■ 聚集狀態

呈不規則塊狀、葡萄狀、鐘乳狀、土狀，或六角板狀、葉狀、雲母狀、菱形等晶形。

■ 主要產狀與共生礦物

花崗偉晶岩（石英、黑雲母、磁鐵礦、金紅石等）（1-2），熱液礦脈（石英、綠泥石等）（1-3），火山昇華物（火山岩的空隙等）（1-4），沉積岩（石英等）（2-1），區域變質岩（石英、綠泥石、綠簾石等）（3-1），矽卡岩礦床（石英、綠泥石、鈣鐵榴石、磁鐵礦等）（3-2），氧化帶（磁鐵礦等）（4）。

■ 其他

赤鐵礦擁有非常多的產狀，共存礦物的種類也很多，但在各種產狀中與石英的共生尤為突出。這個共生關係使其與擁有相同晶體結構的剛玉大相逕庭。另外，在赤鐵礦上幾乎不會出現矽酸鹽礦物中常見的 Al⇔Fe^{3+} 轉換現象。磁鐵礦氧化產生的物質會在殘留磁鐵礦外形的同時轉化成赤鐵礦。反之，也有在保留赤鐵礦外形轉化成磁鐵礦的例子（稱之為**葉狀磁鐵礦**）。呈板狀結晶時與鈦鐵礦相似，但因條痕

顏色不同而易於區別。

■ 赤鐵礦

左右長度：約25mm
產地：阿根廷，門多薩洲，
帕雲馬魯火山
（Payun Matru）

火山岩中的磁鐵礦結晶轉化成赤鐵礦（保留部分磁鐵礦），還在磁鐵礦的晶體上形成細小的赤鐵礦結晶。

■ 赤鐵礦

左右長度：約30mm
產地：北海道斜里町
　　　知床硫磺山

因火山噴氣活動而形成的板狀赤鐵礦。細長結晶生長在大型晶體上，部分呈花瓣狀集合（鐵玫瑰）。

■ 赤鐵礦

左右長度：約40mm
產地：栃木縣日光市
　　　三依礦山

矽卡岩礦床中的雲母狀結晶集合體。在較薄的部分可看見紅色的透射光。

■ 赤鐵礦

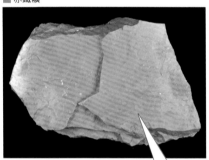

左右長度：約65mm
產地：栃木縣日光市
　　　高田高德礦山

在礦脈礦床氧化帶中的發現塊狀赤鐵礦。

■ 赤鐵礦

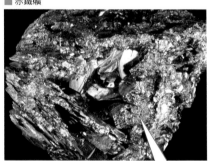

左右長度：約65mm
產地：岩手縣北上市
　　　和賀仙人礦山

因接觸換質作用而形成的赤鐵礦礦床的礦石。空隙處可觀察到光澤強烈的晶面。

■ 赤鐵礦

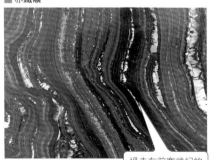

左右長度：約55mm
產地：澳洲、西澳洲

過去在前寒武紀的海裡所含的鐵因游離氧的出現而沉積。

鈦鐵礦 *Ilmenite*

鑑定要素

解理 無：斷面呈貝殼狀。不過有時也會出現與底面（{0001}）與菱形面（{10$\bar{1}$1}）平行的開裂

光澤 金屬～類金屬

硬度 5～6：可被工具鋼劃傷

顏色 黑色：大致位於色相環外

條痕顏色 帶棕黑色

磁性 FM：有反應（微弱）　　RM：有反應（明顯）

晶面 六角形、三角形、菱形等

條紋 無

■ 聚集狀態

呈不規則塊狀、粒狀，或六角板狀、葉狀、菱形等晶形。

■ 主要產狀與共生礦物

火成岩（輝長岩、閃長岩、玄武岩等）（普通輝石、普通角閃石、斜長石等）（1-1），花崗偉晶岩（石英、黑雲母、鉀長石、鐵鋁榴石等）（1-2），砂礦（磁鐵礦、金紅石、鋯石等）（2-2），區域變質岩（石英、方解石、綠泥石、綠簾石等）（3-1）。

■ 其他

顏色不會變化。鑑定時，可用磁性強弱區分外觀相似的磁鐵礦，透過條痕顏色的差異來分辨赤鐵礦。

■ 鈦鐵礦

左右長度：約25mm
產地：京都府京丹後市白石

從偉晶岩中分離出來的六角厚板狀鈦鐵礦。

■ 鈦鐵礦

左右長度：約40mm
產地：茨城縣常陸太田市長谷礦山

發現於區域變質岩中，伴隨綠泥石的葉狀結晶集合體。判斷晶面呈彎曲狀。

金紅石 *Rutile*

■ 化學式：TiO$_2$
■ 晶　系：正方晶系
■ 比　重：4.2

鑑定要素

解理	兩組方向	**磁性**	FM：無反應　RM：無反應
光澤	鑽石～金屬	**晶面**	矩形、細長六角形、三角形等
硬度	6～6½：可被石英劃傷	**條紋**	有：與晶柱延伸方向平行
顏色	紅、棕、黃、黑色：大致位於紅色到黃色的範圍內，偏黑色的方向		
條痕顏色	黃棕色		

■ 聚集狀態

粒狀，或呈正方柱狀、針狀、錐狀等晶形。另外還會出現各種雙晶。例如2個結晶會形成手肘形或V字形；3個針狀結晶會重複呈三角形相交，形成三角形的網狀結構；6個結晶則呈環形（輪晶）等等。

■ 主要產狀與共生礦物

花崗偉晶岩（石英、白雲母、鈉長石、銳鈦礦等）（1-2），熱液換質岩（葉蠟石、石英、紅柱石等）（1-3），砂礦（磁鐵礦、鈦鐵礦、鋯石等）（2-2），區域變質岩（石英、綠泥石、綠簾石等）（3-1），矽卡岩（白雲石、方解石、尖晶石等）（3-2）。

■ 其他

因為含有少量的鐵，所以較細的晶體呈紅～棕～黃色（髮金紅石，也就是像金髮一樣的顏色，金紅石之名便是源自於此），但較粗的晶體除了鐵之外還含有鈮、鉭，所以通常看起來是黑色。大量針狀～絨毛狀結晶包覆在透明石英裡，這種叫作**金紅石石英**（亦稱**金髮晶**）（rutilated quartz），應用於裝飾品上。在赤鐵礦晶面上同位連生（彼此間擁有一定的結晶學方位關係），並且往6個方向延展的放射狀金紅石晶群，則稱為**太陽金紅石**。

■ 金紅石

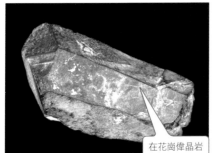

在花崗偉晶岩中發現的柱狀晶體。

左右長度：約30mm
產地：福島縣郡山市手代木

■ 金紅石

白雲矽卡岩裡的透明柱狀結晶。

左右長度：約15mm
產地：岐阜縣揖斐川町春日礦山

錫石 *Cassiterite*

化學式：SnO$_2$
晶　系：正方晶系
比　重：7.0

鑑定要素

解理	無：斷面類似貝殼狀或觸感粗糙
光澤	鑽石～金屬
硬度	6～7：勉強可被石英劃傷
顏色	棕、黃棕、黑色，罕見紅、白、無色：大致位於橙色範圍，偏黑色方向，極少往白色方向發展
條痕顏色	淺黃色

磁性	FM：無反應　RM：無反應
晶面	矩形、三角形、拉長五角形、歪斜六角形等
條紋	有：與晶柱延伸方向平行

■ 聚集狀態

粒狀、纖維狀結晶的葡萄狀集合（木錫礦），或呈正方柱狀、正方錐狀、尖端八角柱狀等晶形。另外還會出現各種雙晶。像是2個結晶組成手肘形，或是5個結晶連成星形等。

■ 主要產狀與共生礦物

花崗偉晶岩（石英、鈉長石、黃玉等）（1-2），熱液礦脈（石英、白雲母、白鎢礦、鎢鐵礦、螢石、砷黃鐵礦等）（1-3），砂礦（磁鐵礦、鈦鐵礦、鋯石等）（2-2）。

■ 其他

除了含鐵外，還可能含有鈮或鉭。晶體顏色通常比金紅石黑，但條痕顏色和硬度卻幾乎相同，所以有時也會很難區分。

■ 錫石

■ 錫石

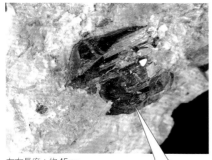

左右長度：約45mm
產地：京都府京丹波町
　　　鐘打礦山

在石英脈裡發現的柱狀結晶。

左右長度：約20mm
產地：茨城縣城里町
　　　高取礦山

在產自熱液礦脈空隙的水晶上形成的短柱狀結晶。

銳鈦礦 *Anatase*

化學式：TiO$_2$
■ 晶　系：正方晶系
■ 比　重：3.9

鑑定要素

解理	兩組方向
光澤	鑽石～金屬
硬度	5½～6：可被工具鋼劃傷
顏色	棕、黃棕色、黑、綠、深藍色：大致位於靛藍到橘色的範圍，偏黑色方向
條痕顏色	白～淺黃色

磁性	FM：無反應　RM：無反應
晶面	尖銳的等腰三角形、正方形、矩形、梯形等
條紋	有：在錐面、柱面上與 *c* 軸方向正交

■ 聚集狀態

晶形呈尖銳的正方雙錐狀、厚板狀等。

■ 主要產狀與共生礦物

花崗偉晶岩（石英、板鈦礦、鈦鐵礦等）（1-2），熱液礦脈（主要在變質岩中）（石英、鉀長石、白雲母、綠泥石等）（1-3）。

■ 其他

由於含有少量的鐵，所以晶體本身帶有一點顏色，不過人工合成的結晶則是白色（用於顏料、光觸媒等產品上）。晶體的形狀是鑑定的決定性因素，沒有它就不能做肉眼鑑定。

■ 銳鈦礦

左右長度：約10mm
產地：山梨縣甲州市竹森

在水晶上發現的短柱狀結晶，這顆水晶產自一條截斷角頁岩的石英脈的晶洞裡。

■ 銳鈦礦

左右長度：約15mm
產地：馬達加斯加

典型呈尖銳雙錐狀的分離結晶。

板鈦礦 *Brookite*

化學式：TiO₂
■ 晶　系：直方晶系
■ 比　重：4.1

鑑定要素

解理	無：類似貝殼狀的破裂面	**磁性**	FM：無反應　RM：無反應
光澤	鑽石～金屬	**晶面**	三角形、矩形、六角形等
硬度	5½～6：可被工具鋼劃傷	**條紋**	有：在柱面上與 c 軸方向平行
顏色	紅棕、棕、黑色：大致位於紅到橘色的範圍內，偏黑色的方向		
條痕顏色	白～淺灰色		

■ 聚集狀態

晶形呈薄片狀（不往 a 軸軸向延伸）、柱狀、擬八面體等。

■ 主要產狀與共生礦物

花崗偉晶岩（石英、銳鈦礦、榍石等）(1-2)，熱液礦脈（主要在變質岩中）（石英、金紅石、銳鈦礦、鈉長石、綠泥石等）(1-3)。

■ 其他

名符其實的板狀結晶的外形是一項決定性因素，沒有它就無法透過肉眼鑑定將其與同質多形的金紅石或銳鈦礦區分開來。

第Ⅲ章 ◆ 礦物圖鑑

■ 板鈦礦

左右長度：約10mm
產地：長野縣川上村湯沼

在石英脈的空隙中發現的板狀結晶（朝 b 軸與 c 軸軸向延展而形成扁平狀）。

■ 板鈦礦

左右長度：約25mm
產地：巴基斯坦

典型薄片狀的分離結晶（特別是沿 c 軸方向延伸而形成板柱狀）。

針鐵礦 *Goethite*

■ 化學式：FeO(OH)
■ 晶　系：直方晶系
■ 比　重：4.3

鑑定要素

解理 單一方向：幾乎沒有可看清解理的大型結晶

光澤 鑽石、金屬、絲絹、土狀

硬度 5½：基本上，土狀晶體無法查看硬度。觸感很柔軟

顏色 黃棕、黑棕色：大致位於橙色範圍，偏黑色方向

磁性 FM：無反應　RM：無反應

晶面 幾乎沒有足以辨認的特徵

條紋 不明

條痕顏色 黃棕色

■ 聚集狀態

呈土狀、葡萄狀、鐘乳狀、似晶質黃鐵礦（立方體者日本俗稱枡石）、無定形～筒狀（沉積在草根周圍，即所謂的高師小僧(黃土結石)），罕有針狀晶形。

■ 主要產狀與共生礦物

熱液礦脈（石英、黃鐵礦、赤鐵礦等）(1-3)。沉積物（石英、黃鉀鐵礬、黏土礦物等）(2-1、2-2)，氧化帶（石英、黃鐵礦、黃鉀鐵礬等）(4)。

■ 其他

在所謂的**褐鐵礦**礦物群（針鐵礦之外，還有纖鐵礦：lepidocrocite、六方纖鐵礦：feroxyhyte）裡頭最常產出的礦物，不過實際上這三種礦物並不能透過肉眼鑑定出來。暫時將其歸類為褐鐵礦也是一種選擇。外觀近似黃鉀鐵礬，但條痕顏色較偏棕色，所以可藉此辨別。最常因水溫為溫泉～常溫湖沼的沉澱，或是氧化帶中黃鐵礦或黃銅礦的分解而形成。

■ 針鐵礦

左右長度：約8mm
產地：岐阜縣飛驒市
　　　神岡礦山

在產自礦脈空隙的小水晶上發現的針狀結晶集合體。

■ 針鐵礦

左右長度：約30mm
產地：群馬縣南牧村
　　　三岩岳

從石英空隙中產出的黃鐵礦，其表層部位正在轉化成針鐵礦。

水鎂石 *Brucite*

- 化學式：Mg(OH)$_2$
- 晶　系：三方晶系
- 比　重：2.4

鑑定要素

解理 單一方向

光澤 玻璃～脂肪、珍珠（解理面）

硬度 2½：可被方解石劃傷

顏色 無色、白、灰、黃、淺綠色：大致位於白色的範圍

條痕顏色 白色

磁性 FM：無反應　RM：無反應

晶面 幾乎沒有足以辨認的特徵

條紋 不明

■ 聚集狀態

葉狀、纖維狀、微粒狀，極少呈現外形模糊的六角板狀晶形。

■ 主要產狀與共生礦物

變質岩（白雲石、方解石、水菱鎂礦、綠泥石、蛇紋石等）（3-1、3-2）。

■ 其他

葉狀晶體的特徵是光滑的解理面，硬度比與其相似的滑石更硬。纖維狀晶體則類似蛇紋石一脈的石棉，但硬度略低一些。在相同的產狀中，硬度跟顏色都很相近的水菱鎂礦（hydromagnesite，Mg$_5$(CO$_3$)$_4$(OH)$_2$·4H$_2$O）多以尖端銳利的板柱狀結晶的集合體產出，把鹽酸滴在其上便會冒泡融解（水鎂石則是融解但不冒泡），可以這點來分辨。

第Ⅲ章 ◆ 礦物圖鑑

■ 水鎂石

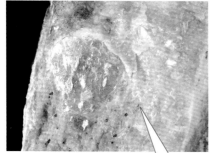

左右長度：約20mm
產地：福岡縣飯塚市古屋敷

發現於截斷蛇紋岩的白雲石脈中，一個幾乎無色透明的水鎂石解理片。淺綠色的部分是蛇紋岩，也可以看見黑色粒狀的磁鐵礦等礦物。

■ 水鎂石

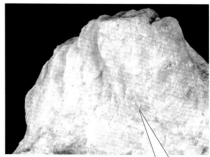

左右長度：約25mm
產地：兵庫縣南淡路市沼島

纖維狀～葉狀結晶的集合體，帶有非常淡的綠色，並形成一條截斷結晶片岩的礦脈。

磁鐵礦 *Magnetite*

化學式：$Fe^{2+}Fe^{3+}_2O_4$
晶　系：立方晶系
比　重：5.2

鑑定要素

解理　無：斷面呈貝殼狀。不過也有可能出現沿八面體方向的開裂

光澤　金屬～類金屬

硬度　5½～6：可被工具鋼劃傷

顏色　黑色：大致位於色相環外

條痕顏色　黑色

磁性　FM：反應（強）　RM：反應（強）

晶面　三角形、菱形、拉長六角形等

條紋　無

■ 聚集狀態

不規則的塊狀、粒狀，或晶形呈正八面體、斜方十二面體等。

■ 主要產狀與共生礦物

一種極為普遍的礦物，大部分的產狀都有。火成岩（鎂橄欖石、普通輝石、普通角閃石、斜長石等）（1-1），花崗偉晶岩（石英、黑雲母、鉀長石、鐵鋁榴石等）（1-2），砂礦（鈦鐵礦、金紅石、鋯石、自然金等）（2-2），區域變質岩（石英、方解石、綠泥石、綠簾石等）（3-1），矽卡岩礦床（方解石、綠簾石、鈣鐵榴石、鈣鐵輝石、赤鐵礦、黃鐵礦等）（3-2），蛇紋岩（蛇紋石、滑石、鉻鐵礦等）（3-3）。

■ 其他

特徵是顏色不會變化，具強烈磁性。

■ 磁鐵礦

左右長度：約25mm
產地：岐阜縣飛驒市
　　　上寶黑谷

包覆在滑石上而生，基本為正八面體的大型結晶。產自超鎂鐵岩再結晶之中。

■ 磁鐵礦

左右長度：約65mm
產地：岡山縣高梁市
　　　山寶礦山

矽卡岩礦床裡的磁鐵礦塊。拿掉方解石後，會顯現出一個略顯彎曲的十二面體晶面。

鉻鐵礦 *Chromite*

化學式：(Fe²⁺,Mg)Cr₂O₄

化學式：$(Fe^{2+},Mg)Cr_2O_4$
- 晶　系：立方晶系
- 比　重：4.8～5.1

鑑定要素

解理	無：斷面凹凸不平
光澤	金屬
硬度	5½～6：可被工具鋼劃傷
顏色	黑色：大致位於色相環外
條痕顏色	棕色

磁性	FM：反應（弱）　RM：反應（強）
晶面	有顯示晶形的晶體極為罕見，但偶爾能發現細小的三角形等晶面
條紋	無

■ 聚集狀態

不規則塊狀、粒狀，罕有呈現正八面體晶形。

■ 主要產狀與共生礦物

火成岩（超鎂鐵岩～鎂鐵質岩）（鎂橄欖石、透輝石、頑火輝石、斜長石、鎳黃鐵礦等）（1-1），砂礦（鈦鐵礦、磁鐵礦、自然金、自然銥、辰砂等）（2-2），蛇紋岩（蛇紋石、磁鐵礦等）（3-3）。

■ 其他

藉由磁性和條痕顏色的差異，可以很容易地與磁鐵礦區分開來。鉻鐵礦及其 Fe²⁺ 被 Mg 取代的鎂鉻鐵礦（magnesiochromite）在化學結構上是連續的，還產出許多中間固溶體。當然，肉眼鑑定幾乎不太可能，但端元接近鉻鐵礦的礦物，其條痕為深棕色，而且儘管微弱卻有明顯的磁性。反之端元接近鎂鉻鐵礦的礦物，其條痕色則是呈淺棕色，同時幾乎沒有磁性反應。由於鎂鉻鐵礦端元比重是 4.4，鉻鐵礦端元比重為 5.1，因此理論上鉻鐵礦的比重約為 4.8～5.1（基本資料值）。

■ 鉻鐵礦

左右長度：約55mm
產地：北海道平取町
　　　日東礦山

產於蛇紋岩中的塊狀鉻鐵礦‐鎂鉻鐵礦。沿著裂隙形成了綠色的次生鈣鉻榴石。

■ 鉻鐵礦

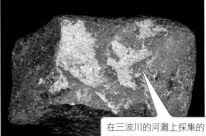

左右長度：約60mm
產地：群馬縣藤岡市
　　　鬼石町三波川

在三波川的河灘上採集的鉻鐵礦‐鎂鉻鐵礦礫石。縫隙中可看到次生的淺紫色含鉻綠泥石。

黑錳礦 *Hausmannite*

化學式：$Mn^{2+}Mn_2^{3+}O_4$
■ 晶　系：正方晶系
■ 比　重：4.8

鑑定要素

解理	單一方向
光澤	類金屬、土狀
硬度	5½：可被工具鋼劃傷
顏色	深棕、黑色：大致是從黑色到略靠近橙色的範圍
條痕顏色	棕色

磁性	FM：無反應（有反應時多半內含錳鐵礦） RM：有反應
晶面	幾乎沒有足以辨認的特徵。可從產自外國的晶體上看到三角形、矩形的晶面，但極為稀少
條紋	不明

■ 聚集狀態

幾乎都是細小晶體聚集而成的塊狀結晶。少數呈現正方雙錐（擬正八面體）或正方柱狀晶形。

■ 主要產狀與共生礦物

變質錳礦床（菱錳礦、錳橄欖石、方錳礦、錳鐵礦）（3-1、3-2）。

■ 其他

日本的黑錳礦大多是深棕色的塊狀結晶（感覺像巧克力），缺乏光澤（土狀光澤）。晶粒愈粗，就愈帶有類金屬光澤。生長時不與石英或薔薇輝石相連。

■ 黑錳礦

左右長度：約55mm
產地：長野縣辰野町
　　　濱橫川礦山

在黑褐色塊狀黑錳礦周圍，可看到白色菱錳礦、粉紅色的粒矽錳石（alleghanyite，$Mn_5(SiO_4)_2(OH)_2$）和淺灰綠色的錳橄欖石。

■ 黑錳礦

左右長度：約45mm
產地：京都府南丹市新大谷礦山

與母岩的燧石（主要由石英構成）（照片上半部）很接近，但存在邊界的主要是菱錳礦。黑錳礦裡有一塊會強烈吸引磁鐵的區域，該處內含錳鐵礦（jacobsite，$Mn^{2+}Fe_2^{3+}O_4$）。

褐釹釔礦 *Fergusonite-(Y)*

化學式：YNbO$_4$
晶　系：正方晶系
比　重：<5.7

鑑定要素

解理　無：類似貝殼狀的破裂面

光澤　類金屬、樹脂（有很多輻射變晶）

硬度　5½～6½：可被石英劃傷

顏色　棕、黑色：大致位在接近黑色的橘色範圍

條痕顏色　黃棕色

磁性　FM：無反應　RM：無反應

晶面　四～六角形：類似正方柱一端斜切後的扁平形狀、矩形等

條紋　無

■ 聚集狀態

晶形呈前端尖銳的柱狀等等。

■ 主要產狀與共生礦物

花崗偉晶岩（石英、鉀長石、鋯石、褐簾石等）（1-2）。

■ 其他

幾乎完全含鈾，因此晶體結構會被輻射破壞，發生非晶質化現象（輻射變晶）。按照理想化學成分算出來的密度是5.6g/cm³，但實測密度變化很大（硬度也是）。這是因為釔被其他稀土元素或鈾等元素取代，而且在輻射變晶的過程中吸收了水的關係。用劑量計測量的反應很好。形態上不具特色的斷面顆粒無法以肉眼來鑑定。其特徵性的柱狀結晶外形是判斷的決定

性因素。和名源自於羅伯特・弗格森（Robert Ferguson），他是一位蘇格蘭律師兼礦物學家，所以按理說日文片假名的記法應該是「Fuagason」石。不過好像是受過德語教育的大前輩們當時取了一個帶有德式發音的和名（「Feruguson」石），並順勢流傳了下來。附帶一提，稀土元素之中鈰含量最多的品種叫作fergusonite-(Ce)，釹含量最多的則取做fergusonite-(Nd)，再加上每一種都有單斜晶系的同質多形（例如 β褐釹釔礦：fergusonite-(Y)-β的種名），所以在這方面顯得比較複雜。只要能觀察到明確的晶形，就可以知道它是正方晶型還是單斜晶型，否則是無法分出區別的。此外，我們也不可能在稀土元素的多寡上進行肉眼鑑定。

第Ⅲ章　◆　礦物圖鑑

■ 褐釹釔礦

左右長度：約65mm
產地：福島縣川俣町房又

偉晶岩中的這塊結晶，主要是在鉀長石包裹下生成的。由於輻射的影響，鉀長石呈紅色。

■ 褐釹釔礦

晶體長度：約5mm
產地：宮崎縣延岡市上祝子

在偉晶岩空隙裡發現的漂亮結晶。

■ 褐釹釔礦

左右長度：約30mm
產地：茨城縣高萩市下大能

由於鉀長石分解以後粘土化，所以這塊晶體以分離結晶的方式產出。

■ 褐釹釔礦

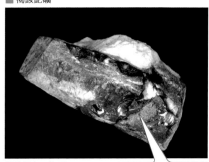

晶體長度：約40mm
產地：福島縣石川町貓啼

一個四方柱狀結晶，埋在偉晶岩裡的鉀長石中。因為正在輻射變晶，所以可以在斷面上看到一個貝殼狀的斷口。

鈮鐵礦 *Columbite-(Fe)*

鑑定要素

解理	單一方向	**磁性**	FM：無反應　RM：有反應
光澤	類金屬	**晶面**	矩形、細長六角形等
硬度	6：可被石英劃傷	**條紋**	有：在柱面上與 c 軸平行
顏色	黑色：大致位於黑色範圍		
條痕顏色	黑棕色		

■ 聚集狀態

晶形呈板狀、厚板狀等等。

■ 主要產狀與共生礦物

花崗偉晶岩（石英、鉀長石、白雲母、鋯石、磷酸釔礦等）（1-2）。

■ 其他

比重會因鐵和錳、鈮和鉭的替換而改變（鉭愈高，比重愈高）。跟鎢鐵礦很像，但硬度更高。一般而言比重比鎢鐵礦還小，但鉭含量多（如錳鉭鐵礦，tantalite-(Mn)）時比重差不多，或是因鉭含量而逆轉。

■ 鈮鐵礦

左右長度：約40mm
產地：福島縣須賀川市狸森

來自偉晶岩的分離結晶。長成 {100} 扁平的（因為 a 軸軸長平均比 b 和 c 軸軸長約 2.6 倍）的四方厚板狀。

■ 鈮鐵礦

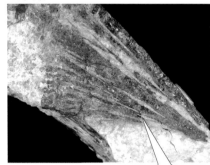

左右長度：約50mm
產地：福島縣石川町鹽澤

伴生偉晶岩內的鉀長石與石英的板狀結晶集合體。破裂面看上去類似貝殼狀或凹凸不平。

第III章　◆　礦物圖鑑

109

螢石 *Fluorite*

化學式：CaF$_2$
- 晶　系：立方晶系
- 比　重：3.2

解理 四組方向：理想的解理片是正八面體

光澤 玻璃

硬度 4：莫氏硬度標準。可被不鏽鋼鋼釘劃傷

顏色 無色、灰、綠、紫、黃、粉紅色：大致從白色偏向所有顏色的方向

條痕顏色 白色

磁性 FM：無反應　RM：無反應

晶面 正方形、正三角形、菱形面等

條紋 無

■ 聚集狀態

粒狀、塊狀、立方體、正八面體等晶形是基本型，也可以看到小型晶面加入其中的複雜晶形。

■ 主要產狀與共生礦物

偉晶岩（石英、鉀長石、黃玉等）（1-2），熱液礦脈（石英、重晶石、電氣石、黃銅礦等）（1-3），矽卡岩（白雲石、方解石、鈣鐵榴石等）（3-2）。

■ 其他

解理非常顯著，在解理面上可以看到三角形的紋路，這種紋路由其他方向的解理所形成。由於內含微量元素及晶體結構上的缺陷，其晶體幾乎帶有所有的顏色。不過想當然地顏色很淡，而且色澤較深的結晶在磨成粉後也會呈現白色。有些會因加熱而發光，或是因紫外線而發出螢光。

■ 螢石

左右長度：約50mm
產地：岐阜縣關市平岩礦山

在熱液礦脈的石英裡形成塊狀的螢石。顏色會變化，這個解理面很好地顯現出因其他方向的解理所形成的三角形紋路。

■ 螢石

左右長度：約30mm
產地：大分縣豐後大野市尾平礦山

在石英脈中伴隨電氣石等礦物而生，帶有淡淡粉色的八面體解理片。

氯銅礦 *Atacamite*

化學式：$Cu_2(OH)_3Cl$
■ 晶　系：直方晶系
■ 比　重：3.8

鑑定要素

解理 單一方向：日本幾乎沒有可以看清解理的大型結晶

光澤 玻璃、土狀

硬度 3～3½：基本上，土狀晶體無法查看硬度。觸感很柔軟

顏色 綠色：大致位於綠色範圍內，略偏白色的方向

條痕顏色 淺綠色

磁性 FM：無反應　RM：無反應

晶面 幾乎沒有足以辨認的特徵：菱形、矩形晶面等（產自智利的亞他加馬沙漠）

條紋 有：朝柱面延伸的方向

■ 聚集狀態

土狀、粒狀、皮殼狀，晶形呈針狀、板狀（{010}扁平狀）的情況較為罕見。

■ 主要產狀與共生礦物

火山昇華物（黑銅礦、三方氯銅礦等）（1-4），氧化帶（孔雀石、針鐵礦、三方氯銅礦、斜氯銅礦等）（4）。

■ 其他

嚴格來說，只有在觀察不到明確晶形的狀態下，才無法以肉眼鑑定下列同質多形，而且偶爾也有細微晶粒的集合體混合兩種以上的情況。氯銅礦的同質多形有三方氯銅礦：paratacamite（三方）、羥氯銅礦：botallackite（單斜）與斜氯銅礦：clinoatacamite（單斜）。更棘手的是還有其他相似的礦物，比如伊予石（iyoite）把羥氯銅礦裡一半的銅都替換成錳，還有一種是將三方氯銅礦裡一半的銅換成鎳，或是三崎石（misakiite）——它屬於跟三方氯銅礦不同類型的三方晶系，並以錳取代了四分之一的銅——等等。日本產出氯銅礦的氧化帶，主要是在海岸附近裸露的銅礦礦物被海水浸泡的地方形成的。

■ 氯銅礦

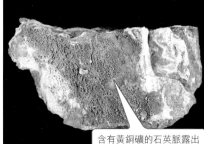

左右長度：約55mm
產地：和歌山縣那智勝浦町大勝浦

含有黃銅礦的石英脈露出海岸，在其附近形成了這個含氯銅礦等物質的皮殼狀集合體。

■ 氯銅礦

左右長度：約60mm
產地：東京都大島町三原山

在因火山噴氣昇華的玄武岩熔岩礫的表面形成，主要成分為氯銅礦。

方解石 *Calcite*

化學式：$CaCO_3$
- 晶　系：三方晶系
- 比　重：2.7

鑑定要素

解理	三組方向
光澤	玻璃
硬度	3：莫氏硬度的標準

磁性	FM：無反應　　RM：無反應
晶面	菱形、三角形、六角形、五角形、梯形面等
條紋	有：譬如在犬牙交錯形結晶的錐面上

顏色 無色、白、灰、粉、淺藍、淺黃褐色：從白色偏向所有方向的色域，除了紫色

條痕顏色 白色

■ 聚集狀態

塊狀、鐘乳狀、皮殼狀、菱面體、犬牙交錯形和六角柱狀等晶形。

■ 主要產狀與共生礦物

碳酸岩（火成碳酸岩）（磷灰石、磁鐵礦、燒綠石、鈣鈦礦等）（1-1），偉晶岩（石英、鉀長石、白雲母等）（1-2），熱液礦脈（石英、白雲石、黃鐵礦、黃銅礦、重晶石、石膏等）（1-3），沉積岩（呈石灰岩、鐘乳石等）（2-1），溫泉沉澱物（霰石等）（2-2），區域變質岩與矽卡岩（石英、白雲石、矽灰石、鈣鋁榴石、符山石、透輝石、金雲母等）（3-2、3-1），蛇紋岩（葉蛇紋石、白雲石、霰石等）（3-3）。

■ 其他

晶體形態變化最大的礦物，產狀亦種類繁多。其解理、硬度以及遇稀鹽酸會劇烈冒泡並分解的特性，使其相對容易分辨。但需要注意的是，在可肉眼鑑定的性質上，方解石與白雲石、菱鎂礦、霰石的差距並不是那麼大。

■ 方解石

左右長度：約55mm
產地：三重縣熊野市
　　　紀州礦山

產於熱液礦脈的鉚釘頭狀晶群。3個晶面使中央部位尖銳，充分表現出三方晶系的特徵。

■ 方解石

左右長度：約50mm
產地：埼玉縣飯能市
　　　吾野礦山

石灰岩由細小的方解石所組成，其因雨水融化而形成空洞，之後再於同樣的地方再結晶（多為鐘乳石洞穴）。這是一種由較粗晶體形成的鐘乳石。

■ 方解石（Vicarya卷貝化石）

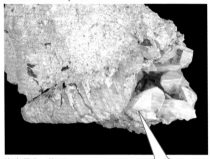

左右長度：約50mm
產地：福井縣福井市
　　　鮎川

化石被礦物取代後保留了
原本的形態。該標本是新
第三紀中新世的卷貝，名
為Vicarya，它的殼壁已被
方解石所取代。屬多型海
蜷（Batillaria multiformis）
的同類，多型海蜷可在紅
樹林生長蓬勃的淡鹽水區
見到。

■ 方解石

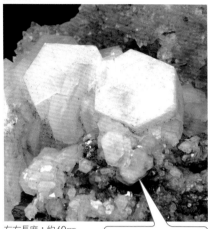

左右長度：約60mm
產地：岐阜縣飛驒市
　　　神岡礦山

在矽卡岩礦床伴生大量
的方解石。晶洞內可看
見六角柱狀的結晶。底
面很顯眼，所以乍看之
下很像六方晶系。

■ 方解石

晶體長度：約20mm
產地：愛媛縣久萬高原町
　　　槙野川

與輝沸石等礦物一同
產於安山岩空隙的方
解石結晶，呈淺黃棕
色。沸石和方解石的
組合相當常見。

■ 方解石

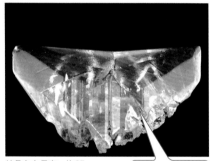

結晶左右長度：約35mm
產地：鹿兒島縣
　　　市來串木野市
　　　串木野礦山

透明方解石的接
觸雙晶，發現於
熱液銀礦脈的空
隙之中。

菱錳礦 *Rhodochrosite*

化學式：MnCO₃
- 晶　系：三方晶系
- 比　重：3.7

鑑定要素

解理　三組方向

光澤　玻璃

硬度　3½～4：可被不鏽鋼鋼釘劃傷

顏色　白、灰、粉、紅、淺棕色：從白色大致偏向紅色的方向

條痕顏色　白色

磁性　FM：無反應　RM：反應明顯

晶面　菱形、三角形、歪斜的四角形面等

條紋　有。譬如在犬牙交錯形結晶的錐面上

■ 聚集狀態

塊狀、鐘乳狀、皮殼狀的集合，晶形呈菱面體或犬牙交錯形等等。

■ 主要產狀與共生礦物

熱液礦脈（石英、方解石、白雲石、黃鐵礦、硫錳礦等）（1-3），沉積岩（石英等）（2-2），變質錳礦床（石英、薔薇輝石、錳橄欖石、黑錳礦、褐錳礦等）（3-1）。

■ 其他

深粉紅色的晶體近似於薔薇輝石，不過可以利用解理和硬度的差異來辨別。白～灰色的菱錳礦很難與錳方解石區分。

■ 菱錳礦

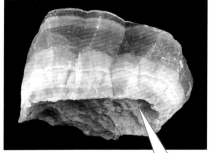

左右長度：約185㎜
產地：北海道余市町
　　　大江礦山

產自熱液礦脈中的厚皮殼狀菱錳礦。截面上可以看到像年輪一樣的層狀構造。

■ 菱錳礦

左右長度：約40㎜
產地：茨城縣城里町
　　　高取礦山

伴隨鎢鐵礦或錫石，從熱液礦脈中產出的菱形結晶解理片。晶體表面看起來好像有點髒，但內部呈紅色透明，相當美麗。

霰石 *Aragonite*

化學式：CaCO$_3$
- 晶　系：直方晶系
- 比　重：2.9

鑑定要素

解理 單一方向	**磁性** FM：無反應　RM：無反應
光澤 玻璃	**晶面** 四角形、三角形、六角形、梯形面等
硬度 3½～4：可被不鏽鋼鋼釘劃傷	**條紋** 有：在柱面上與 c 軸平行

顏色 無色、白、灰、黃、藍、粉、紫色：大致從白色偏向所有顏色的方向

條痕顏色 白色

■ 聚集狀態

霧狀、珊瑚狀、鐘乳狀、放射狀的集合，晶形呈扁平六角柱等等。形成雙晶後也是幾乎完美的六角柱狀。

■ 主要產狀與共生礦物

火山岩（玄武岩為主）（綠鱗石等）（1-1），熱液作用（方解石、石膏等）（1-3），沉澱物（方解石等）（2-2），區域變質岩（鐵藍閃石、輝玉、硬柱石等）（3-1），蛇紋岩（水纖菱鎂礦、菱鎂礦等）（3-3）。

■ 其他

與同質多形方解石的區別，在於解理的樣貌不同以及硬度略高這兩點，不過細小的結晶集合體實在很難分辨。獨特的六方柱狀結晶（晶柱上有凹痕）由雙晶所形成，這在方解石上是看不到的。

■ 霰石

左右長度：約25mm
產地：福島縣飯館村佐須

粗六角柱狀結晶的一部分，此結晶為玄武岩中呈放射狀聚集的雙晶所構成。

■ 霰石

左右長度：約50mm
產地：島根縣大田市松代礦山

被粘土包覆後，生成球～橢圓球狀的霰石集合體。可在集合體表面上看到由雙晶組成的六角短柱狀結晶。

白鉛礦 *Cerussite*

化學式：$PbCO_3$
- 晶　系：直方晶系
- 比　重：6.6

鑑定要素

解理 兩組方向	**磁性** FM：無反應　RM：無反應
光澤 玻璃〜鑽石，解理面上則是珍珠	**晶面** 矩形、六角形、梯形面等
硬度 3〜3½：相當於10日圓硬幣	**條紋** 有
顏色 白色	
條痕顏色 白色	

■ 聚集狀態

塊狀、皮殼狀的集合，晶形為針狀、柱狀、板狀、雙錐狀等。雙晶也有很多，呈擬六方晶系的形態，有時看起來很像雪花。

■ 主要產狀與共生礦物

氧化帶（硫酸鉛礦、孔雀石、青鉛礦、矽孔雀石、針鐵礦等）（4）。

■ 其他

一種非常大眾化的次生礦物。在含方鉛礦的礦床氧化帶的幾乎隨處可見，擬六方的形態是其特徵。產狀相同的硫酸鉛礦可以用遇稀鹽酸不會冒泡來區分，但也有兩者混合在一起的塊狀礦物存在。

■ 白鉛礦

左右長度：約45mm
產地：秋田縣鹿角市
　　　尾去澤礦山

成群生長的白鉛礦，位於被氧化鐵包覆的礦脈空隙間。可清楚看到板狀結晶為雙晶，呈擬六方的形態。

■ 白鉛礦

左右長度：約40mm
產地：岐阜縣飛驒市
　　　神岡礦山

伴生孔雀石和青鉛礦的薄片狀晶群。大多都成了雙晶。

白雲石 *Dolomite*

化學式：CaMg(CO$_3$)$_2$
■ 晶　系：三方晶系
■ 比　重：2.9

鑑定要素

解理 三組方向

光澤 玻璃、珍珠（解理面）

硬度 3½～4：可被不鏽鋼鋼釘劃傷

顏色 無色、白、灰、黃色、淺棕、淺綠、粉紅色：以白色為基礎，大致是從紅偏往綠的方向

條痕顏色 白色

磁性 FM：無反應　RM：無反應

晶面 菱形、三角形面等

條紋 有：在柱面上與 *c* 軸正交

■ 聚集狀態

微粒或纖維狀結晶的塊狀集合體，晶形呈菱面體等等。菱面體結晶有時也會重疊形成馬鞍狀的集合體。

■ 主要產狀與共生礦物

熱液作用（石英、方解石、重晶石等）（1-3），石灰岩（方解石等）（2-2，矽卡岩（方解石、菱鐵礦、鐵白雲石、石英等）（3-2），蛇紋岩（菱鎂礦等）（3-3）。

■ 其他

據說，構成石灰岩一部分的白雲石是由鎂的換質作用形成的，並不是單純的沉積作用（從溶液中沉澱）所造成。塊狀的晶體與方解石的差別很難透過肉眼辨識。透明粗粒結晶代表白雲石的折射率比方解石還高，所以光澤感更強。以鐵或錳取代鎂以後，其化學結構分別與鐵白雲石（ankerite，CaFe(CO$_3$)$_2$）、錳白雲石（kutnohorite，CaMn(CO$_3$)$_2$）有連續關係。不管哪一種，顏色都不會發生劇烈變化（略微偏棕色的是鐵白雲石，些許偏粉色的則是錳白雲石），所以很難以肉眼鑑定。產量以白雲石壓倒性多。

■ 白雲石

左右長度：約15mm
產地：群馬縣藤岡市鑪澤

在中央構造線附近的砂岩中，由於斷層運動帶來的熱液作用，形成許多的白雲石和碳鈉鋁石礦脈。在礦脈的空隙間可以看到帶綠色的白雲石晶群。

■ 白雲石

左右長度：約40mm
產地：新潟縣新發田市飯豐礦山

此為在部分矽卡岩礦床中發現的白雲石集合體，充分展現了菱面體結晶的形狀。

藍銅礦 *Azurite*

化學式：$Cu_3(CO_3)_2(OH)_2$
晶　系：單斜晶系
比　重：3.8

鑑定要素

解理　單一方向

光澤　玻璃

硬度　3½〜4：可被不鏽鋼鋼釘劃傷

顏色　靛藍：僅於靛藍範圍內

條痕顏色　藍色

磁性　FM：無反應　RM：無反應

晶面　矩形、細長六角形或梯形等平面

條紋　有

■ 聚集狀態

球狀、葡萄狀、鐘乳狀的集合，晶形呈柱狀、板狀等等。

■ 主要產狀與共生礦物

氧化帶（石英、方解石、孔雀石、赤銅礦、矽孔雀石、針鐵礦等）（4）。

■ 其他

尺寸達到一定大小後，靛藍色澤較之產狀雷同的青鉛礦更深（條痕色亦偏濃），硬度也比較高，所以可予以區分。據悉藍銅礦是一種晶面、乃至於內部都被孔雀石取代的礦物。自古以來，這種礦物都拿來當顏料使用，然而它只要長年放置在空氣中，顏色就會更綠，這便是逐漸孔雀石化的緣故。

■ 藍銅礦

左右長度：約55mm
產地：岡山縣岡山市
　　　古都礦山

細小的板狀結晶集中在礦脈母岩的裂縫中，形成球狀的礦塊，這些礦塊再度聚集而呈現皮殼狀。

■ 藍銅礦

左右長度：約50mm
產地：中國湖北省大冶

粗粒且扁平板狀的結晶集合體，伴隨孔雀石產出。

孔雀石 *Malachite*

化學式：$Cu_2(CO_3)(OH)_2$
晶　系：單斜晶系
比　重：4.0

鑑定要素

解理 單一方向

光澤 鑽石、絲絹、土狀

硬度 $3\frac{1}{2}\sim4$：可被不鏽鋼鋼釘劃傷

顏色 綠色：僅在綠色範圍內

條痕顏色 淺綠色

磁性 FM：無反應　RM：無反應

晶面 幾乎觀察不到。在極其罕見的情況下呈矩形、細長的梯形等平面

條紋 幾乎觀察不到，但柱面上有與延伸方向平行的條紋

■ 聚集狀態

細小纖維狀～針狀的結晶以放射狀之類的形狀聚集，形成塊狀、皮殼狀、樹枝狀、葡萄狀、鐘乳狀等集合體。

■ 主要產狀與共生礦物

氧化帶（石英、方解石、藍銅礦、赤銅礦、矽孔雀石、白鉛礦、針鐵礦等）（4）。

■ 其他

銅礦床氧化帶中最大眾化的次生礦物。已知藍銅礦是一種不只晶面，連內部都被孔雀石取代的礦物。長久以來一直被當作綠色顏料來使用，在日本被稱為**綠青（銅綠）**。綠色深淺會因粒徑粗細的不同而產生。外觀相似的水膽礬等含水銅硫酸鹽礦物，可透過遇稀鹽酸冒泡的方式辨別。

■ 孔雀石

左右長度：約35mm
產地：秋田縣大仙市
　　　龜山盛礦山

在以黃銅礦為原礦的銅礦床氧化帶中形成了塊狀赤銅礦，孔雀石的細小纖維狀結晶在其空隙中聚集，產生各種形狀的礦塊。

■ 孔雀石

左右長度：約20mm
產地：靜岡縣下田市
　　　河津礦山

微小的纖維狀結晶在石英脈的空隙間形成放射狀集合體。

重晶石 *Baryte(Barite)*

化學式：BaSO₄
■ 晶 系：直方晶系
■ 比 重：4.5

鑑定要素

解理	三組方向
光澤	玻璃
硬度	2½～3½：可被不鏽鋼鋼釘劃傷
顏色	無色、白、灰、黃、淺棕、淺藍、粉紅色：以白色為基礎，大致偏向所有顏色的方向
條痕顏色	白色

磁性	FM：無反應　RM：無反應
晶面	菱形、四角形、三角形、六角形、梯形等平面
條紋	無

■ 聚集狀態

塊狀、花瓣狀（沙漠玫瑰）、皮殼狀（所謂的北投石）、放射狀的集合，晶形呈菱形～厚板狀、柱狀等等。

■ 主要產狀與共生礦物

熱液礦脈（石英、方解石、黃鐵礦、閃鋅礦、方鉛礦等）（1-3），黑礦礦床（閃鋅礦、方鉛礦、石膏等）（1-3），沉積作用（方解石、白雲石等）（2-2），變質岩（石英、菱錳礦、褐錳礦、方解石、菱鍶礦等）（3-1、3-2、3-3）。

■ 其他

如果拿起一定大小的礦塊，會感覺它比看起來更沉甸甸，所以很容易判讀。菱形板狀雙晶經常於熱液礦脈的空隙中產出，但因其脆弱又容易受損，因此需要多加留意。

■ 重晶石

左右長度：約45mm
產地：北海道上之國町 勝山礦山

整條礦脈多由重晶石組成，伴生少量的方解石。空隙中成群生長著大型的菱形厚板狀結晶。

■ 重晶石

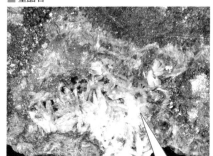

左右長度：約60mm
產地：栃木縣日光市 越路礦山

主要由閃鋅礦組成的黑礦，伴生黃銅礦、黃鐵礦、方鉛礦和重晶石。從空隙中可以看到板狀的重晶石晶群。

天青石 *Celestine*

化學式：SrSO$_4$
- 晶　系：直方晶系
- 比　重：4.0

鑑定要素

解理	三組方向
光澤	玻璃
硬度	3～3½：可被不鏽鋼鋼釘劃傷
顏色	無色、白、灰、淺藍、淺綠、粉紅、淺棕色：以白色為基礎，大致偏向所有顏色的方向
條痕顏色	白色

磁性	FM：無反應　RM：無反應
晶面	產自日本的晶體沒有明確的晶面，但產自國外的有矩形、梯形、六角形、五角形等平面
條紋	無：在纖維狀集合體上，可看到與延伸方向平行的條紋

■ 聚集狀態

塊狀、纖維狀、土狀的集合，晶形呈厚板狀、柱狀等等。

■ 主要產狀與共生礦物

火山岩的空隙（自然硫、霞石、石膏等）（1-1），熱液礦脈與黑礦礦床（方解石、石膏、黃鐵礦、閃鋅礦、方鉛礦等）（1-3），沉積岩與蒸發岩（方解石、白雲石、菱鍶礦、硬硼鈣石等）（2-1、2-2）。

■ 其他

據悉在日本，若其伴生纖維狀石膏，便是透過取代石灰岩空隙或化石而產出的情況，不過在這種情況下，兩者都會尺寸小且量少。小型、無色到灰白色的晶體很難與重晶石區分開來。和重晶石一樣，天青石也很脆弱、容易劃傷，所以必須多加小心。

■ 天青石

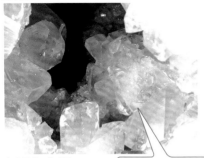

左右長度：約100mm
產地：馬達加斯加，馬永加

產出於泥灰岩（一種富含黏土礦物的石灰質沉積物）裡的大礦瘤上，美麗的淺藍色晶體成群生長在空隙之中。

■ 天青石

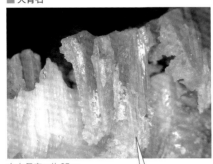

左右長度：約25mm
產地：福島縣郡山市
　　　安積石膏礦山

在黑礦床中的部分纖維狀石膏塊上發現的天青石。可認為這是藉由含鍶的硬石膏水解形成的「石膏＋天青石」組合。雖然形態近似於石膏，但可以透過其淡淡的帶藍灰色，以及比石膏（純白）更高的硬度來區分。

第Ⅲ章 ◆ 礦物圖鑑

硫酸鉛礦 *Anglesite*

鑑定要素

解理 三組方向

光澤 鑽石～樹脂、玻璃、土狀

硬度 2½～3：可被10日圓硬幣劃傷

顏色 無色、白、灰、黃、淺綠色：大致位於白色的範圍

條痕顏色 白色

磁性 FM：無反應　RM：無反應

晶面 菱形、八角形、六角形、梯形等平面

條紋 無

■ 聚集狀態

細微結晶的粒狀、皮殼狀、土狀（似晶質方鉛礦）等的集合，晶形呈厚板狀、柱狀等等。

■ 主要產狀與共生礦物

氧化帶（方鉛礦、白鉛礦、青鉛礦等）(4)。

■ 其他

較粗的透明晶體的鑽石光澤頗為顯著。與其相似的白鉛礦，遇鹽酸會冒泡融解。

■ 硫酸鉛礦

左右長度：約20mm
產地：秋田縣鹿角市
　　　尾去澤礦山

在氧化帶的褐鐵礦空隙中發現的厚板狀柱狀結晶。

■ 硫酸鉛礦

左右長度：約25mm
產地：群馬縣水上町
　　　小日向礦山

一塊產於礦脈空隙，取代方鉛礦晶體表面的硫酸鉛礦。方鉛礦可能仍然殘留在晶體核心之中。

硬石膏 *Anhydrite*

鑑定要素

解理　三組方向

光澤　玻璃

硬度　3½：可被不鏽鋼鋼釘劃傷

顏色　無色、白、灰、淺棕、淺藍、粉紅色：以白色為基礎，大致偏向所有顏色的方向

條痕顏色　白色

磁性　FM：無反應　RM：無反應

晶面　極少數情況下，可以看到四角形、矩形等平面

條紋　無

■ 聚集狀態

塊狀、纖維狀、放射狀的集合體，晶形呈板狀、擬立方體等等。

■ 主要產狀與共生礦物

黑礦礦床（石膏、閃鋅礦、方鉛礦等）（1-3），沉積作用（岩鹽、石膏等）（2-2）。

■ 其他

裂成立方體～長方體的解理是其特徵。在水的作用下會變成**石膏**。

■ 硬石膏

■ 硬石膏

左右長度：約50mm
產地：福島縣喜多方市
　　　與內畑礦山

黑礦礦床型石膏礦山產出的硬石膏塊。充分展示出因三組方向的解理形成的長方體形狀。

晶體長度：約50mm
產地：墨西哥，契瓦瓦州
　　　奈卡礦山

熱液沉澱形成的纖維狀結晶集合體。該產地以產出巨大的石膏晶群聞名於世。

石膏 *Gypsum*

化學式：$CaSO_4 \cdot 2H_2O$
- 晶　系：單斜晶系
- 比　重：2.3

鑑定要素

解理 單一方向	**磁性** FM：無反應　RM：無反應
光澤 玻璃、珍珠（解理面）	**晶面** 菱形、梯形等平面
硬度 2：莫氏硬度的標準。可被指甲劃傷	**條紋** 有：與 a 軸平行
顏色 無色、白、灰色：大致位於白色的範圍	
條痕顏色 白色	

■ 聚集狀態

塊狀（雪花石膏、純白生石膏）、纖維狀（纖維石膏）、花瓣狀（沙漠玫瑰）的集合，晶形呈板狀、柱狀、針狀等。有箭羽型的雙晶等。

■ 主要產狀與共生礦物

熱液礦脈與黑礦礦床（硬石膏、方解石、閃鋅礦、方鉛礦等），熱液換質岩（黃鐵礦、黏土礦物等）（1-3），沉積作用（岩鹽、硬石膏等）（2-2），氧化帶（褐鐵礦等）（4）。

■ 其他

也有些石膏是透過硬石膏水解製成的，如果原本的硬石膏中含有鍶，就會形成石膏與天青石的組合（如：福島縣郡山市安積石膏礦山）。透明的結晶也稱為**透石膏（selenite）**。據悉，墨西哥契瓦瓦州奈卡礦山產出的巨大柱狀石膏結晶，其長度超過10公尺。

■ 石膏

左右長度：約20mm
產地：山梨縣身延町夜子澤

透過熱液蝕變而產生，並作為粘土內幾乎完全分離的結晶產出。

■ 石膏

左右長度：約40mm
產地：埼玉縣秩父市
　　　秩父礦山

矽卡岩礦床生成後，藉熱液作用形成板狀～柱狀結晶的集合體。

水膽礬 *Brochantite*

化學式：$Cu_4(SO_4)(OH)_6$
■ 晶　系：單斜晶系
■ 比　重：4.0

鑑定要素

解理	單一方向

光澤　玻璃、珍珠（解理面）

硬度　$3\frac{1}{2}$～4：可被不鏽鋼鋼釘劃傷

顏色　綠色：大致位於綠色範圍

條痕顏色　淺綠色

磁性　FM：無反應　RM：無反應

晶面　清楚可見的晶面很稀有。也有可能看到接近拉長矩形的晶面

條紋　無

■ 聚集狀態

塊狀、皮膜狀的集合，晶體呈針狀、板柱狀等。雖然經常形成雙晶（看起來像直方晶系），但在日本很少能找到大小足以清楚辨認的結晶。

■ 主要產狀與共生礦物

氧化帶（孔雀石、藍銅礦、青鉛礦、黑銅礦、褐鐵礦等）（4）。

■ 其他

類似的礦物很多，肉眼鑑定相當困難。以比重和硬度幾乎相同的孔雀石來說，因為孔雀石遇鹽酸會冒泡，所以很容易區分。而化學結構相近且外觀酷似的塊銅礬（antlerite，$Cu_3(SO_4)(OH)_4$）就很難分辨。另外，一水銅礬石（posnjakite，$Cu_4(SO_4)(OH)_6 \cdot H_2O$）、藍銅礬石（langite，$Cu_4(SO_4)(OH)_6 \cdot 2H_2O$），以及與藍銅礬石呈現同質多形的斜藍銅礬石（wroewolfeite），這三種比水膽礬顏色更藍的礦物也很難辨識。

■ 水膽礬

左右長度：約20mm
產地：靜岡縣下田市河津礦山

在石英脈的空隙中，水膽礬介於針狀～板長柱狀的晶群呈放射狀聚集。原礦並不在附近。

■ 水膽礬

左右長度：約25mm
產地：愛知縣新城市中宇利礦山

蛇紋岩內主要是低輝銅礦分解後形成的皮膜狀水膽礬。伴生黑色的黑銅礦。

青鉛礦 *Linarite*

鑑定要素

解理	單一方向	**磁性**	FM：無反應　RM：無反應
光澤	玻璃～類鑽石。珍珠（解理面）	**晶面**	拉長矩形、梯形、六角形等平面
硬度	2½：可被方解石劃傷	**條紋**	有：與晶柱延伸方向平行
顏色	藍色：大致位於藍色範圍		
條痕顏色	非常淺的藍色		

■ 聚集狀態

粒狀、皮膜狀的集合，晶形呈針狀、柱狀、板柱狀等。

■ 主要產狀與共生礦物

氧化帶（水膽礬、異極礦、白鉛礦、硫酸鉛礦、褐鐵礦等）（4）。

■ 其他

藍色比藍銅礦明亮，但在較粗晶體上差異並不明顯，因此會以條痕顏色的深淺、硬度的不同來判斷。此外，也可以透過滴上鹽酸來區分會冒泡的藍銅礦。雖然對於外觀十分相似的宗像石（munakataite，Pb$_2$Cu$_2$(SO$_4$)(SeO$_3$)(OH)$_4$，福岡縣宗像市河東礦山是其原產地），必須檢視其化學結構的差異，但如今宗像石是一種極為罕見的礦物。

■ 青鉛礦

晶體長度：約8mm
產地：秋田縣大仙市
　　　日三市礦山

氧化帶空隙中，生長在異極礦上的柱狀結晶。

■ 青鉛礦

左右長度：約35mm
產地：栃木縣日光市
　　　銀山平礦山

在礦石裂隙中的褐鐵礦上，與白鉛礦一起產出的細小板狀結晶集合體。

明礬石 *Alunite*

化學式：(K,Na)Al$_3$(SO$_4$)$_2$(OH)$_6$
■ 晶　系：三方晶系
■ 比　重：2.6～2.9

鑑定要素

解理	單一方向

光澤	玻璃、土狀、珍珠（解理面）

硬度	3½～4：可被不鏽鋼鋼釘劃傷。土狀晶體感覺更柔軟一點

顏色	無色、白、淺黃、淺粉、淺藍色：以白色為中心，些微偏向紅、黃、藍色

條痕顏色	白色

磁性	FM：無反應　RM：無反應

晶面	三或六角形、梯形、四角形等平面

條紋	無

■ 聚集狀態

土狀、塊狀集合體，極少出現六角板狀、擬立方體等晶形。

■ 主要產狀與共生礦物

熱液與噴氣作用（石英、高嶺石、葉蠟石、自然硫、黃鐵礦等）（1-3、1-4）。

■ 其他

把鉀和鈉互相置換，定義K＞Na為明礬石，K＜Na是鈉明礬石（natroalunite）。然而，實際上透過肉眼是不可能區分這兩者的，而且依產地的不同，兩者混合（一個結晶內有許多環帶構造）的情況也很常見。把鈉明礬石也涵蓋在內，廣義上認定為明礬石比較現實。

■ 明礬石

左右長度：約70mm
產地：兵庫縣丹波市山南町岡本

產自所謂葉蠟石礦床的明礬石，多以密集塊狀（淺粉色）的形態產出。白色部分是石英或葉蠟石等礦物。

■ 鈉明礬石

左右長度：約20mm
產地：靜岡縣西伊豆町宇久須

在過去開採明礬石的礦山附近的蝕變火山岩中，石英與明礬石構成了細小的礦脈。在空隙中可以看到六角板狀結晶的集合體。化學分析的結果相當於鈉明礬石。

黃鉀鐵礬 *Jarosite*

化學式：KFe$^{3+}_3$(SO$_4$)$_2$(OH)$_6$
晶　系：三方晶系
比　重：3.2

鑑定要素

解理	單一方向
光澤	玻璃～類鑽石、土狀
硬度	3～3½：可被不鏽鋼鋼釘劃傷。土狀晶體感覺更柔軟一點
顏色	黃棕～橘紅色：位於紅～黃色範圍
條痕顏色	淺黃棕色

磁性	FM：無反應　RM：無反應
晶面	幾乎不曾看過，但有三角形、四角形、六角形等平面
條紋	無

■ 聚集狀態

土狀、皮殼狀、球粒狀的集合，極少出現板狀、八面體、擬立方體等晶形。

■ 主要產狀與共生礦物

熱液作用（石英、黃鐵礦等）（1-3），沉積作用（褐鐵礦、粉紅磷鐵礦等）（2-2），氧化帶（黃鐵礦、褐鐵礦等）（4）。

■ 其他

土狀時是比褐鐵礦更明亮的黃棕色，不過較粗晶體會呈現透明的橘紅色。其他還有以鈉取代鉀的鈉黃鐵礬，只是肉眼無法做出區分。

■ 黃鉀鐵礬

左右長度：約12mm
產地：靜岡縣下田市
　　　河津礦山

在石英脈的空隙中，伴隨褐鐵礦等礦物出產的細長八面體結晶群。

■ 黃鉀鐵礬

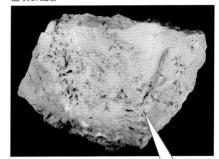

左右長度：約55mm
產地：群馬縣中之條町
　　　群馬鐵山

沉澱在火山湖裡的土狀鐵明礬石。伴有棕色調更深的褐鐵礦。

獨居石（鈰獨居石）
Monazite-(Ce)

- 化學式：(Ce,La,Nd,Sm)PO$_4$
- 晶　系：單斜晶系
- 比　重：5.1

鑑定要素

解理　單一方向

光澤　玻璃～脂肪

硬度　5：可被工具鋼劃傷

顏色　黃棕、棕、紅棕、灰綠色：以稍微進入黑色範圍的黃～橘色範圍為主，也可能帶有其他顏色

條痕顏色　淺黃色

磁性　FM：無反應　RM：反應弱（以稀土元素為主成分的所有礦物）

晶面　矩形、六角形、五角形等平面

條紋　罕見

■ 聚集狀態

展示細粒～粗粒的自形結晶。晶形呈有錐面的扁平六角柱狀至板狀等等。也會形成各式各樣的雙晶。

■ 主要產狀與共生礦物

火成岩（尤其花崗岩）的副成分礦物（共存礦物跟下列偉晶岩的大致雷同）(1-1)，偉晶岩（石英、鉀長石、黑雲母、黑電氣石、鋯石等）(1-2)，變質岩（石英、鐵鋁榴石、黑雲母、磷灰石等）(3-1、3-2)。

■ 其他

一般來說，鈰中含量最多的鈰獨居石產量最高，因此通常會簡稱**獨居石**。除了鈰之外，已知有鑭、釹和釤含量突出的品種。有報告指出日本產出鑭獨居石以外的種類。只不過，這些都無法透過肉眼鑑定來分辨。倘若在殘留獨居石晶形下直接變成土狀，便會轉化成添加水分子的水磷鈰石類礦物（rhabdophane，(Y,Ce,La,Nd)PO$_4$·H$_2$O）。因為大多都含有釷或鈾，所以具有微弱的放射性，有時也會拿來測試年代。

■ 獨居石

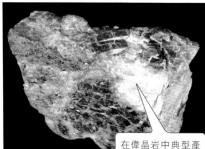

左右長度：約85mm
產地：福島縣石川町鹽澤

在偉晶岩中典型產狀中發現的獨居石。與其接觸的石英常呈煙～黑色，鉀長石則往往呈紅褐色。

■ 獨居石

晶體長度：約8mm
產地：福島縣石川町和久

從偉晶岩中的石英塊分離出來的結晶，具錐面，屬於扁平的六角柱狀。

129

藍鐵礦 *Vivianite*

化學式：$Fe_3^{2+}(PO_4)_2 \cdot 8H_2O$
晶　系：單斜晶系
比　重：2.7

鑑定要素

解理	單一方向	**磁性**	FM：無反應　RM：反應弱
光澤	玻璃、土狀。珍珠（解理面）	**晶面**	菱形、矩形、六角形等平面
硬度	1½～2：可被指甲刮傷	**條紋**	有：與 {010} 平行
顏色	無色（新鮮時），立刻轉變成藍或藍綠色（鐵的氧化）：白色，之後是藍色到綠色的範圍		
條痕顏色	白色，馬上變成淺藍色		

■ 聚集狀態

土狀、球粒狀、皮膜狀的集合，晶形呈板狀、柱狀等等。

■ 主要產狀與共生礦物

偉晶岩（石英、白雲母、磷鐵鋰礦等）（1-2），熱液礦脈（石英、方解石、黃銅礦、綠磷鐵礦等）（1-3），沉積作用（菱鐵礦、褐鐵礦、泥炭、粘土、化石等）（2-2）。

■ 其他

在日本，產自沉積岩和未固結沉積物的例子很多。第四紀粘土層多為球粒狀的晶體，內部則是板狀結晶呈放射狀匯集。也有取代樹葉、貝殼或象牙等化石的產物。很少有清晰的晶形，但類似石膏的板柱狀結晶（形狀像美工刀的尖端）是其特徵。在空氣中會馬上開始氧化，有時隨著顏色的變化會變成三斜晶系的變藍鐵礦，最終蝕變成非晶質的聖塔巴巴拉石（Santabarbaraite）。

■ 藍鐵礦

於燧石角礫層的空隙中生成的晶群。伴生少量的菱鐵礦。如美工刀尖端般的銳利晶形。

左右長度：約30mm
產地：愛知縣犬山市入鹿

■ 藍鐵礦

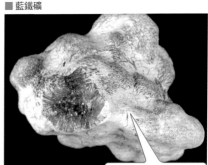

左右長度：約45mm
產地：奈良縣奈良市登美之丘

在第四紀粘土層中發現的一個形狀奇特的藍鐵礦球粒。內部以放射狀聚集介於板柱狀～葉狀之間形狀的結晶。

臭蔥石 *Scorodite*

化學式：$Fe^{3+}(AsO_4)\cdot 2H_2O$
晶　系：直方晶系
比　重：3.3

鑑定要素

解理	無	**磁性**	FM：無反應　　RM：反應明顯
光澤	玻璃～類鑽石	**晶面**	三角形、梯形、四角形、六角形等平面
硬度	3½～4：可被不鏽鋼鋼釘劃傷	**條紋**	無
顏色	無色、淺灰綠色：大致位於白色到些微綠色的範圍		
條痕顏色	白色		

■ 聚集狀態

土狀、皮膜狀、鐘乳狀的集合，晶形呈略顯細長的八面體、由雙錐及柱面組成的龜殼狀等等。

■ 主要產狀與共生礦物

氧化帶（石英、砷黃鐵礦、直砷鐵礦、毒鐵礦、褐鐵礦等）（4）。

■ 其他

多由砷黃鐵礦和直砷鐵礦氧化分解形成，土狀晶體沒什麼明顯的特徵。若晶粒可見，則光澤明確、晶形有特徵，容易以肉眼鑑定。

第III章 ◆ 礦物圖鑑

■ 臭蔥石

左右長度：約15mm
產地：岐阜縣惠那市
　　　遠根礦山

在含有氧化砷黃鐵礦的礦脈空隙中，覆蓋在鎢鐵礦結晶上的微小臭蔥石晶群。略顯細長的八面體晶形清晰可見。

■ 臭蔥石

左右長度：約40mm
產地：大分縣佐伯市
　　　木浦礦山

由氧化砷黃鐵礦或直砷鐵礦組成的礦石，其一部分是包覆在褐鐵礦上生成的。可清楚看到光芒耀眼的三角形等晶面。

光線石 *Clinoclase*

化學式：$Cu_3(AsO_4)(OH)_3$
- 晶　系：單斜晶系
- 比　重：4.4

鑑定要素

解理	單一方向
光澤	玻璃～類鑽石，解理面上為珍珠
硬度	2½～3：可被10日圓硬幣劃傷

磁性	FM：無反應　RM：無反應
晶面	結晶很罕見，但有細長六角形、細長梯形等平面
條紋	無

顏色　黑綠～藍綠色：大致從綠色到略帶藍色的範圍，偏向黑色方向

條痕顏色　帶藍綠色

■ 聚集狀態

土狀、皮膜狀、葡萄狀的集合、晶形呈板狀～板柱狀等等。

■ 主要產狀與共生礦物

氧化帶（橄欖銅礦、砷銅鈣石、砷釔銅礦、褐鐵礦等）（4）。

■ 其他

由伴生砷黃鐵礦及直砷鐵礦的黃銅礦氧化分解形成，從厚皮膜狀、葡萄狀晶體的截面來看，屬於晶形類平行～放射狀的板柱狀結晶集合體。藉由其獨特的藍色調和強烈光澤，很容易進行肉眼鑑定。

■ 光線石

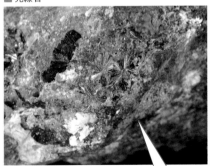

左右長度：約45mm
產地：山口縣美禰市大和礦山

以皮膜狀產於氧化帶的空隙中，皮膜表面呈帶藍綠的黑色。皮膜開裂處可見放射狀聚集的針狀結晶，具有強烈藍色調和光澤。

■ 光線石

左右長度：約115mm
產地：栃木縣鹽谷町日光礦山

以薄皮膜狀產出的晶體，其黑色調減少，藍色變得更鮮豔。

磷灰石 *Apatite*

化學式：Ca$_5$(PO$_4$)$_3$(F,Cl,OH)
■ 晶　系：六方晶系
■ 比　重：3.1～3.2

鑑定要素

解理	無：破裂面呈貝殼狀或凹凸不平	**磁性**	FM：無反應　RM：無反應
光澤	玻璃	**晶面**	六角形、三角形、矩形、梯形等平面
硬度	5：莫氏硬度標準。可被工具鋼劃傷	**條紋**	無

顏色　無色、白、綠、藍、紫、黃、粉紅色：主要在白到綠的範圍內，也可能帶有其他顏色

條痕顏色　白色

■ 聚集狀態

塊狀、鐘乳狀、球粒狀、土狀的集合，晶形為單純的六角柱狀～厚板狀，或是帶有錐面的六角柱狀等。

■ 主要產狀與共生礦物

產狀範圍非常廣。火成岩的副成分礦物（共存礦物因岩石種類而異）（1-1）、偉晶岩（石英、鉀長石、白雲母、黑電氣石氣等）（1-2）、熱液礦脈（石英、綠泥石、黃鐵礦、黃銅礦等）（1-3），沉積岩與沉積物（方解石、石英等）（2-2），區域變質岩（鐵鋁榴石、黑雲母、滑石、綠泥石等）（3-1），矽卡岩（方解石、金雲母、透輝石、磁鐵礦等）（3-2）。

■ 其他

一般來說，氟中含量最多的氟磷灰石的產出最大。只是肉眼大多無法區分出氯磷灰石（chlorapatite）和氫氧磷灰石（hydroxylapatite），而且內外側的氟、氯、羥基的量也有可能因結晶而異。一個結晶有時會有2個或3個名稱。因此，除非進行化學分析（或測量折射率），不然皆視為磷灰石會比較妥當。能看到晶形就容易鑒定，但在無色～淺綠色時會很雷同綠柱石。調查時可藉由測量硬度、用紫外線照射是否會發出螢光（即使是磷灰石，也有可能幾乎看不見螢光）來進行。

■ 氟磷灰石

左右長度：約35mm
產地：栃木縣日光市豬倉

從含有黃鐵礦的粘土中分離出來的六角板狀結晶。

■ 磷灰石

左右長度：約45mm
產地：埼玉縣秩父市中津川

從主要由磁鐵礦、透輝石和方解石組成的矽卡岩中，產出帶有錐面的六方柱狀結晶。經化學分析，得知外側較薄的部分是氟磷灰石，內側大部分相當於氯磷灰石。雙方都含有相當多的羥基，但並不突出。

■ 氟磷灰石

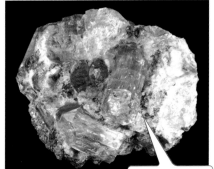

下方晶體長度：約45mm
產地：墨西哥，杜藍哥洲

人們早已熟知的透明黃色晶體。伴隨磁鐵礦礦床產出。

■ 氟磷灰石

晶體高度：約50mm
產地：摩洛哥

沒有錐面，單純的六方柱狀結晶。

■ 氟磷灰石

左右長度：約55mm
產地：栃木縣日光市
　　　足尾礦山

幾乎無色透明，介於六角厚板狀～短柱狀之間的晶群，在日本廣為人知。

■ 氟磷灰石

左右長度：約60mm
產地：巴西，
　　　密納斯吉拉斯州

磷灰石也有呈亮藍色的類型。

磷氯鉛礦 *Pyromorphite*

化學式：Pb₅(PO₄)₃Cl
晶　系：六方晶系
比　重：7.0

鑑定要素

解理 無：破裂面凹凸不平，或類似貝殼狀

磁性 FM：無反應　RM：無反應

光澤 樹脂～類鑽石

晶面 六角形、三角形、矩形、梯形等平面

硬度 3½：可被不鏽鋼鋼釘劃傷

條紋 無

顏色 無色、白、草綠、淺棕、黃、橘黃色：從綠～橘色的範圍偏向白色

條痕顏色 白色

■ 聚集狀態

也有皮殼狀的集合體，但自形晶體相對較多，晶形呈單純的六角柱狀或帶錐面的六角柱狀等。

■ 主要產狀與共生礦物

氧化帶（石英、硫酸鉛礦、白鉛礦、褐鐵礦等）(4)。

■ 其他

雖然明亮的草綠色結晶不會被誤認成其他礦物，但帶有強烈黃色調的砷鉛礦（mimetite，Pb₅(AsO₄)₃Cl），還有淺棕色系的褐鉛礦（vanadinite，Pb₅(VO₄)₃Cl）就很難區分。兩者都是磷灰石的成員，因此基本外形非常相似。

第III章 ◆ 礦物圖鑑

■ 磷氯鉛礦

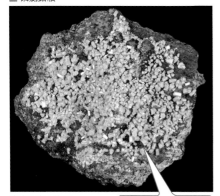

左右長度：約55mm
產地：岐阜縣飛驒市神岡町二十五山

在含有方鉛礦的礦床的氧化帶褐鐵礦化的母岩裂縫中，產出單純的六角柱狀結晶集合體。

■ 磷氯鉛礦

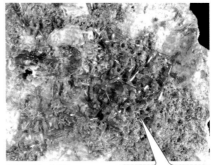

左右長度：約35mm
產地：石川縣小松市尾小屋町金平

在氧化帶的石英脈空隙中生成了淺棕色系的柱狀結晶。

鎢鐵礦 *Ferberite*

化學式：FeWO₄
- 晶　系：單斜晶系
- 比　重：7.6～7.4

鑑定要素

解理　單一方向

光澤　類金屬～鑽石

硬度　4～4½：可被不鏽鋼鋼釘劃傷

顏色　黑棕色：以黑色為主，偏往略帶橘色的範圍

條痕顏色　棕色

磁性　FM：無反應　RM：反應明顯

晶面　矩形、歪斜六角形等平面

條紋　有：主要在柱面上與 *c* 軸平行

■ 聚集狀態

塊狀集合體，晶形呈大略單純的長方體板狀～厚板狀，或是尖端朝 *c* 軸軸向的板狀等等。

■ 主要產狀與共生礦物

熱液礦脈（石英、錫石、白鎢礦、螢石、黃玉、紅柱石、砷黃鐵礦、黃鐵礦）（1-3）。

■ 其他

其與用錳取代鐵的鎢錳礦（hübnerite）在化學結構上是連續的。以前用的名稱黑鎢礦（wolframite）是中間固溶體，組成結構範疇廣泛，大多數的礦物都隸屬此類。但由於重新定義，將其以組成成分的50%一分為二，因此肉眼無法判斷接近中間組成成分的是屬於哪一種。不過靠近鎢錳礦端元的礦物略帶透明感，紅色調強烈，因此就算是肉眼也可以辨識出來。還有一種是以鎢鐵礦取代白鎢礦的結晶，有**方鎢鐵礦**（reinite）之名（山梨縣乙女礦山出產的方鎢鐵礦很有名）。

■ 鎢鐵礦

左右長度：約55mm
產地：茨城縣城里町
　　　高取礦山

從礦脈空隙中產出厚板狀的結晶，並伴有錫石、螢石和黃鐵礦等礦物。過去的黑鎢礦，也有些如今成了鎢錳礦。

■ 鎢鐵礦

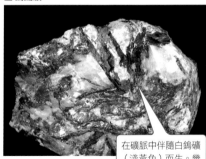

左右長度：約55mm
產地：京都府京丹波町
　　　鐘打礦山

在礦脈中伴隨白鎢礦（淺黃色）而生。幾乎無色的部分是石英。

白鎢礦 *Scheelite*

化學式：CaWO₄
晶　系：正方晶系
比　重：6.1

鑑定要素

解理 四組方向

光澤 玻璃～鑽石

硬度 4½～5：可被工具鋼劃傷

顏色 無色、白、黃、淺棕、淺橘色：以白色為主，偏往黃～橘色範圍

條痕顏色 白色

磁性 FM：無反應　RM：無反應

晶面 三角形、梯形、矩形等平面

條紋 無

■ 聚集狀態

塊狀、粒狀的集合，晶形呈細長八面體、擬八面體、帶底面的八面體等。

■ 主要產狀與共生礦物

熱液礦脈（石英、鎢鐵礦、錫石、黑電氣石、砷黃鐵礦等）（1-3），矽卡岩（石英、方解石、鈣鐵輝石、鈣鐵-鈣鋁榴石、符山石、綠簾石等）（3-2）。

■ 其他

特徵是紫外線（短波長）下會發出強烈的藍白螢光。以鉬取代鎢的鉬鈣礦（powellite）則是發出黃色的螢光。然而，白鎢礦也有可能發出黃色調的螢光，因此不能僅憑螢光顏色是來區分。

第Ⅲ章 ◆ 礦物圖鑑

■ 白鎢礦

左右長度：約25mm
產地：兵庫縣養父市
　　　明延礦山

在石英脈的空隙中產出擬正八面體結晶。

■ 白鎢礦

左右長度：約35mm
產地：福島縣鮫川村發地岡

伴隨矽卡岩中的鈣鋁榴石生成。由於它是一種無色～白色的晶體，所以如果沒有晶形，就有可能與石英混淆。

■ 白鎢礦

左右長度：約45mm
產地：京都府龜岡市
　　　大谷礦山

可從含有白鎢礦和白
雲母的礦脈空隙中
看到小型晶群。

■ 白鎢礦（螢光）

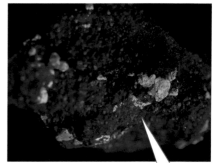

試著在暗室裡用紫外
線照左邊標本時，白
鎢礦會發出藍白色的
螢光。

■ 白鎢礦

白鎢礦晶體長度：約35mm
產地：山梨縣山梨市
　　　乙女礦山

乙女礦山不只有水
晶，其鎢礦也赫赫
有名。

■ 鎢鐵礦

晶體長度：約105mm
產地：山梨縣山梨市
　　　乙女礦山

也有保留白鎢礦結晶
外形的鎢鐵礦。從前
亦以方鎢鐵礦這個
名字稱之。

138

鎂橄欖石 *Forsterite*

化學式：$(Mg, Fe^{2+})_2SiO_4$
晶　系：直方晶系
比　重：$3.2\sim3.8$

鑑定要素

解理	無：偶爾會看到一組方向。破裂面呈貝殼狀	**磁性**	FM：無反應　RM：幾乎無反應
光澤	玻璃	**晶面**	方形、梯形等平面
硬度	$6\frac{1}{2}\sim7$：與石英差不多	**條紋**	無
顏色	白、黃～綠色：從綠～黃色範圍偏向白色		
條痕顏色	白色（富含鐵則帶有些微灰色）		

■ 聚集狀態

粒狀、塊狀的集合，晶形呈長方體短柱狀，在柱前端有傾斜面等等。

■ 主要產狀與共生礦物

超鎂鐵岩～鎂鐵質火成岩（頑火輝石、透輝石、普通輝石、尖晶石、鈣長石等）（1-1），變質岩（白雲石、方解石、尖晶石等）（3-1、3-2）。

■ 其他

其化學結構與鎂被鐵取代的鐵橄欖石（fayalite）有連續關係。這種固溶體稱為橄欖石（olivine）（源自橄欖果實的顏色）。以前在此細分成六種名稱（尤其在古老的岩石學文獻裡出現），但現在僅分為兩類：Mg > Fe 和 Mg < Fe，表示化學成分時寫作 $Fo_{80}Fa_{20}$（鎂橄欖石成分占80％，鐵橄欖石占20％）。通常產出的大多是 $Fo_{95}Fa_5\sim Fo_{70}Fa_{30}$。變質岩（尤其是白雲矽卡岩）中的品種，端元接近而呈白色，火成岩中的則是屬於黃綠色系。硬度和顏色或成辨識關鍵。附帶一提，儘管其英文名forsterite源自英國礦物收藏家 A. J. Forster（佛斯特），但至今採用類似德文發音的片假名「Forusuteraito」的日本研究人員仍然很多。鎂橄欖石的寶石名稱是「橄欖石」（peridot），而主成分為鎂橄欖石的深成岩則統稱**橄欖岩**（peridotite）。在地函過渡帶（上部地函與下部地函間的邊界）上會轉移成 β-橄欖石。

■ 鎂橄欖石

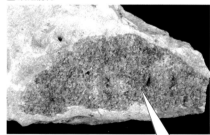

左右長度：約70mm
產地：佐賀縣唐津市高島

地函上部的橄欖石是鹼性玄武岩岩漿上湧時捕獲的。

■ 鎂橄欖石

左右長度：約2mm
產地：東京三宅村三宅島

形成玄武岩斑晶的結晶。鎂橄欖石因岩石風化而分離。由於是作為海岸上的沙子而被發現，所以結晶已因波浪侵蝕而磨損。

■ 鎂橄欖石

晶體長度：約45mm
產地：阿富汗

近年來市場上很常見到這種從變質岩中分離出來的大型晶體。

■ 鎂橄欖石

左右長度：約85mm
產地：北海道樣似町幌滿

二輝橄欖岩是一種超鎂鐵岩，此為在作為其主成分產出的鎂橄欖石上淺橄欖石色的部分。也包括鉻透輝石（深綠色）和鉻尖晶石（黑色）等物質。

■ 鐵橄欖石

晶體長度：約6mm
產地：鹿兒島縣垂水市海潟

鐵橄欖石通常產自流紋岩這種富含矽酸的火山岩中。

鑑定要素

解理 破裂面呈貝殼狀

光澤 玻璃

硬度 7～7½：可被黃玉劃傷

顏色 紅、紅棕、橘紅、紫紅、棕、黑色：以紅色為中心，範圍略微納入橘色和紫色，並微微偏向黑色一側

條痕顏色 白～淺黃色

磁性 FM：反應弱　RM：反應強

晶面 菱形、變形四角形等平面

條紋 有：有時可看到條紋與菱形面的邊平行

■ 聚集狀態

粗粒狀結晶的集合體。取下石英等物質後，晶面就會露出原形，以十二面體或二十四面體為主的結晶很多。

■ 主要產狀與共生礦物

火成岩與偉晶岩（石英、白雲母、鉀長石、斜長石等）（1-1），沉積物（磁鐵礦、自然金等）（2-1），變質岩（石英、黑雲母、普通角閃石、鈦鐵礦，石墨等）（3-1）。

■ 其他

跟鐵被鎂代替的鎂鋁榴石（pyrope）和由錳代替鐵的錳鋁榴石（spessartine）在化學結構上有連續關係。這些固溶體統稱**鋁榴石類**（pyralspite）。富含鎂鋁榴石成分的礦物來自地球深處的深成岩，如高壓變質岩和角礫雲母橄欖岩等；富含錳鋁榴石成分的礦物則產於變質錳礦床、部分偉晶岩和流紋岩等。以上三種都可以大致藉其產狀或顏色辨別。

第Ⅲ章 ◆ 礦物圖鑑

■ 鐵鋁榴石

在花崗偉晶岩中，被白雲母包圍後，生成些許透明的偏菱二十四面體結晶。

左右長度：約35mm
產地：茨城縣櫻川市山尾

■ 鐵鋁榴石

產自花崗偉晶岩的偏菱二十四面體結晶，周圍被石英和鉀長石所圍繞。

左右長度：約45mm
產地：長野縣泰阜村溫田

錳鋁榴石 *Spessartine*

- 化學式：$Mn_3^{2+}Al_2(SiO_4)_3$
- 晶　系：立方晶系
- 比　重：3.9～4.2

鑑定要素

解理	無：破裂面呈貝殼狀	
光澤	玻璃	
硬度	7～7½：可被黃玉劃傷	
顏色	黃、橘、紅、粉、紅棕、棕色：以橘色為中心，範圍納入紅色和黃色，明度有深有淺	
條痕顏色	白色	

磁性 FM：無反應　RM：反應明顯

晶面 菱形、變形四角形等平面

條紋 有：有時可看到條紋與菱形面的邊平行

■ 聚集狀態

塊狀細粒結晶，粗粒狀結晶的集合體。主要由十二面體和二十四面體所組成的結晶很多。

■ 主要產狀與共生礦物

火成岩和偉晶岩（石英等）（1-1），變質岩（石英、薔薇輝石、菱錳礦等）（3-1、3-2）。

■ 其他

鄰近端元的錳鋁榴石呈橘色（小顆粒的叢集則是黃色），不過富含鎂鋁榴石成分礦物帶有粉紅色調，富含鐵鋁榴石成分的則是更偏紅。其在日本多半產於變質錳礦床中。

■ 錳鋁榴石

左右長度：約35mm
出處：長野縣長和町和田峠

產於流紋岩的空隙內，一枚具有強烈棕色調的錳鋁榴石。據悉從風化岩石中分離出來的結晶沉積在露頭附近的河流礫石中。

■ 錳鋁榴石

左右長度：約40mm
產地：三重縣伊賀市
　　　山田礦山

變質錳礦床中伴生石英的晶群。

鈣鐵榴石 *Andradite*

化學式：$Ca_3Fe^{3+}_2(SiO_4)_3$
■ 晶　系：立方晶系
■ 比　重：3.8～3.9

鑑定要素

解理 無：斷面為不規則～類貝殼狀

磁性 FM：反應弱　RM：反應明顯

光澤 玻璃

晶面 菱形、拉長六角形等

硬度 6½～7：與石英差不多

條紋 有時可看到條紋與菱形面的邊平行

顏色 黃～琥珀色、紅棕色、黃綠～綠色：除了紫色到藍色範圍以外的大多數顏色都有

條痕顏色 略帶黃色調的白色

■ 聚集狀態

粗粒狀結晶的集合體。如果集合體恰好面對空隙（可能被方解石填滿），就會現出晶面原貌。多是以十二面體為主的結晶。

■ 主要產狀與共生礦物

矽卡岩與矽卡岩礦床（磁鐵礦、方解石、符山石、鐵斧石、黑柱石、綠簾石、鈣鐵輝石、陽起石、石英、鉀長石等）（3-2）。

■ 其他

Fe^{3+} 與 Al 互相交換，與鈣鋁榴石形成固溶體。肉眼無法分辨兩者界線。如果對 RM 幾乎完全沒反應，就有可能是鈣鋁榴石；要是與磁鐵礦共存，則可認為是鈣鐵榴石。

■ 鈣鐵榴石

左右長度：約35mm
產地：岩手縣遠野市
　　　釜石礦山佐比內

晶群伴生方解石，產於部分富含磁鐵礦的礦石上，此晶群以十二面體面為主、亦伴隨二十四體面。

■ 鈣鐵榴石

左右長度：約30mm
產地：群馬縣南牧村
　　　三岩岳

在變質玄武質熔岩和凝灰岩的空隙中，以淺紫色水晶等形態產出。

鈣鋁榴石 *Grossular*

化學式：Ca₃Al₂(SiO₄)₃
■ 晶　系：立方晶系
■ 比　重：3.4～3.8

鑑定要素

解理　無：破裂面呈貝殼狀

光澤　玻璃

硬度　6½～7：與石英差不多

顏色　無、白、黃、綠、橘、紅、紅棕、棕色：從紅到綠，範圍相當大，且深淺不一

條痕顏色　白色

磁性　FM：無反應
RM：無反應～反應微弱（取決於鐵含量多寡）

晶面　菱形、變形四角形等平面

條紋　有：有時可看到條紋與菱形面的邊平行

■ 聚集狀態

塊狀細粒結晶，粗粒狀結晶的集合體。主要由十二面體和二十四面體所組成的結晶很多。

■ 主要產狀與共生礦物

蛇紋岩與異剝鈣榴輝長岩（蛇紋石、透輝石、葡萄石、符山石等）（3-1），矽卡岩（石英、方解石、白雲石、矽灰石、符山石等）（3-2）。

■ 其他

接近端元的鈣鋁榴石顏色是從無色到白色，但因為含有鐵等元素，所以幾乎可以形成任何顏色。橘色的桂榴石（hessonite）和錳鋁榴石相似，不過可用產狀來區分。鈣鋁榴石與以鐵取代鈣的鈣鐵榴石組成連續固溶體，因此屬於中間結構的那些礦物無法透過肉眼分辨。假使面對RM是從幾乎無反應到微弱反應的話，就是鈣鋁榴石；要是反應明顯，最好將其歸類為鈣鐵榴石。

■ 鈣鋁榴石

左右長度：約30mm
產地：埼玉縣秩父市石灰澤

伴生方解石和矽灰石的矽卡岩中，一叢顏色較淡的鈣鋁榴石晶群。

■ 鈣鋁榴石

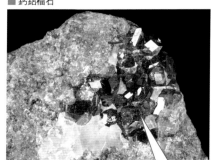

左右長度：約35mm
產地：福島縣古殿町戶倉內

矽卡岩裡的鈣鋁榴石集合礦塊。只要在填滿方解石的空隙上成功剝離方解石，晶面就會展現在眼前。

鋯石 *Zircon*

化學式：ZrSiO$_4$
- 晶　系：正方晶系
- 比　重：4.7～4.0
（輻射變晶化後，比重會逐漸變小）

鑑定要素

解理	幾乎沒有：破裂面呈貝殼狀	磁性	FM：無反應　RM：無反應
光澤	鑽石～脂肪	晶面	三角形、四角形、五角形、六角形等平面
硬度	7½～6：如果輻射變晶化，則硬度會逐漸降低	條紋	無
顏色	無色、黃、橘、紅棕、綠、粉紅、藍、棕黑色：大致位於紫色以外的所有色域，各有偏往白、黑方向的深淺色		
條痕顏色	白色		

■ 聚集狀態

粒狀，有從幾乎沒有柱面的正方雙錐體（類似把正反金字塔上下合併的形狀）到具有明顯柱面的細長正方雙錐體，或是由許多晶面組成且近似球體等晶形。

■ 主要產狀與共生礦物

幾乎所有的火成岩（尤其是正長岩和花崗岩中）（石英、鈉長石、鉀長石、黑雲母、普通角閃石等）（1-1），偉晶岩（石英、鉀長石、黑雲母、磷酸釔礦等）（1-2），沉積物（特別是名為**鋯砂**的物質）（磁鐵礦、榴石、自然金等）（2-1），變質岩（輝玉、鈉長石、鉀長石、黑雲母、透輝石等）（3-1、3-2）。

■ 其他

含有大量鈾和釷的礦物容易發生輻射變晶，導致比重和硬度下降，光澤從鑽石光澤變成脂肪光澤，最終成為非晶質。在寶石界，會將新鮮鋯石稱為高型（high type），中間狀態的鋯石稱為中型（intermediate type），已輻射變晶的鋯石稱為低型（low type），予以區分。人們會利用鈾的放射性衰變來測量年代。世界上最古老的鋯石發現在西澳洲的傑克丘（Jack Hills），測定其有約44億年的歷史。在紫外線下會發光的鋯石很多，比如說，日本輝玉岩中所產的鋯石在短波紫外線下會顯示黃色螢光。

■ 鋯石

左右長度：約13mm
產地：挪威

產自正長偉晶岩的大型分離結晶。

■ 鋯石

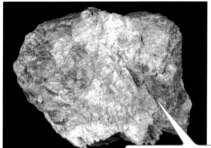

左右長度：約35mm
產地：京都府京丹後市大呂

日本花崗偉晶岩裡的鋯石多數都會經歷輻射變晶現象。占據中心的是鉀長石，它正逐漸被鋯石所釋放的輻射分解。

■ 鋯石

左右長度：約30mm
產地：岡山縣新見市大佐

可在輝玉岩的風化表面上看到幾乎無色的鋯石晶體（照片靠近中央的部位有2個）。

■ 鋯石（螢光）

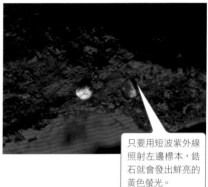

只要用短波紫外線照射左邊標本，鋯石就會發出鮮亮的黃色螢光。

■ 鋯石

左右長度：約18mm
產地：茨城縣霞浦市
　　　雪入

在盛產磷酸鹽礦物的花崗偉晶岩中發現的結晶。其晶形近似於斜方十二面體的石榴石。

■ 鋯石

左右長度：約20mm
產地：福島縣郡山市
　　　愛宕山

在花崗偉晶岩中發現的長柱狀結晶，含有釷和鈾。

矽線石 *Sillimanite*

化學式：Al_2SiO_5
■ 晶　系：直方晶系
■ 比　重：3.3

鑑定要素

解理	單一方向

光澤 玻璃、絹絲

硬度 6½～7½：幾乎與石英相同

顏色 無色、白、黃、淺綠、淺紫、淺藍色：基本為白色，稍微延伸至黃～紫色範圍

條痕顏色 白色

磁性 FM：無反應　RM：無反應

晶面 幾乎不曾看過，但有矩形的柱面等

條紋 在柱面上與晶柱平行：大型晶體以外的無法辨識。偶爾也會誤認為是因解理產生的條狀紋路

■ 聚集狀態

從纖維狀至針狀結晶的集合，罕見四角板柱狀～柱狀的結晶。

■ 主要產狀與共生礦物

區域變質岩、接觸變質岩和火成岩中的熱變質泥質岩（白雲母、黑雲母、鉀長石、鐵堇青石、鐵鋁榴石、剛玉、尖晶石等）（3-1、3-2）。

■ 其他

日本有許多纖維狀結晶集合體，如果在片麻岩、或是其中的偉晶岩礦脈與礦塊中看到這種東西，那很有可能是矽線石。不過，也有可能是已被白雲母取代的狀態。多見於泥質成因的高溫變質岩中，這種泥質富含 Al，Si 則稍顯貧乏。與紅柱石、藍晶石為同質多形關係——矽線石在高溫環境下相對穩定（請參照《圖說礦物自然史》P.336）。

■ 矽線石

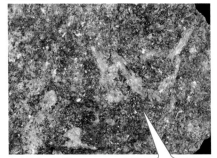

左右長度：約65mm
產地：愛知縣設樂町
　　　添澤溫泉附近

在日本領家片麻岩中呈柱狀結晶形態的矽線石。部分已被白雲母取代。

■ 矽線石

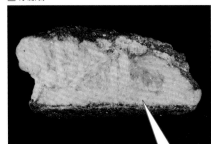

左右長度：約80mm
產地：奈良縣生駒市
　　　辻鈍嶺山

片麻岩裡有一塊狀肥大的區域，此處聚集著纖維狀的矽線石結晶。

紅柱石 *Andalusite*

化學式：Al_2SiO_5
- 晶　系：直方晶系
- 比　重：3.1

鑑定要素

解理　兩組方向

光澤　玻璃

硬度　6½～7½：幾乎與石英相同

顏色　無色、灰、紅棕、粉紅、紫、黃、藍、綠色：幾乎涵蓋所有色域，各有偏往白、黑方向的深淺色

條痕顏色　白色

磁性　FM：無反應　RM：無反應

晶面　菱形、矩形、梯形、三角形、六角形等平面

條紋　在柱面上與晶柱平行

■ 聚集狀態

粒狀、塊狀的集合體，截面是幾近正方形的柱狀結晶，這些晶體呈平行或前端尖細的形狀聚集在一起。

■ 主要產狀與共生礦物

偉晶岩（石英、白雲母、鉀長石、剛玉等）（1-2），換質岩（葉蠟石、剛玉、高嶺石等）（1-3），變質岩（石英、黑雲母、白雲母、董青石、鈉長石、鉀長石等）（3-1、3-2）。

■ 其他

有石墨包裹體的礦物叫**空晶石**，有時剖面上會出現十字。含 Mn^{3+} 的晶體會變成綠色，且跟錳紅柱石（kanonaite，$Mn_2^{3+}SiO_5$）的化學成分有連續關係。與矽線石、藍晶石為同質多形關係，紅柱石在低溫低壓環境下相對穩定（請參照《圖說礦物自然史》P.336）。

■ 紅柱石

左右長度：約115mm
產地：岩手縣住田町奧新切

富含鋁的泥質源岩經由變質作用形成含有紅柱石的角頁岩。在晶體的中心部位含有從有機物轉化而來的條紋狀石墨。

■ 紅柱石

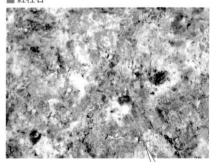

左右長度：約50mm
產地：栃木縣鹿沼市板荷礦山

花崗岩被高溫熱液礦脈貫穿，其周遭區域發生蝕變（被稱為所謂的**雲英岩**）。礦脈中可見鎢鐵礦等物質，蝕變部分產出的紅柱石為小型結晶的集合體，並伴有石英、白雲母、黃玉、黃鐵礦等礦物。在短波長紫外線照射下，會發出淡淡的黃色螢光。

藍晶石 *Kyanite*

化學式：Al$_2$SiO$_5$
■ 晶　系：三斜晶系
■ 比　重：3.7

鑑定要素

解理 三組方向	**磁性** FM：無反應　RM：無反應
光澤 玻璃	**晶面** 稍顯傾斜的矩形等平面
硬度 4～7½：會因晶面（或解理面）差異及劃痕方向產生很大的變化（請參照第Ⅱ章，圖Ⅱ.37）	**條紋** 在柱面上與晶柱平行與正交

顏色 無色、灰、藍、綠色：位於藍～綠色範圍內，偏向白色一側

條痕顏色 白色

■ 聚集狀態

刃狀～板柱狀的結晶呈單獨、束狀或放射狀聚集。

■ 主要產狀與共生礦物

區域變質岩（石英、白雲母、鈉雲母、十字石、勒簾石等）（3-1）。

■ 其他

外觀藍色是由於含有少量的 Fe^{2+}、Fe^{3+} 和 Ti^{4+} 的電荷轉移，綠色則是源自 Cr^{3+} 的含量。晶體內顏色深淺不一的情況很常見。與矽線石、紅柱石為同質多形關係，藍晶石在低溫高壓的環境下相對穩定（請參照《圖說礦物自然史》，P.336）。

■ 藍晶石

左右長度：約50mm
產地：巴西，密納斯吉拉斯州

從截斷變質岩的石英脈中產出的巨大晶群。

■ 藍晶石

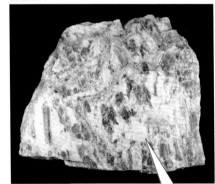

左右長度：約185mm
產地：愛媛縣新居濱市
　　　鹿森水壩上游

發現於日本三波川帶的結晶片岩中，是在日本很罕見的亮藍色柱狀結晶。這種結晶只產在非常有限的葉狀薄層（富含鋁的部分）裡。照片中的標本就是沿著該薄層斷裂的。

第Ⅲ章 ◆ 礦物圖鑑

黃玉（黃晶） *Topaz*

化學式：$Al_2SiO_4(F,OH)_2$
晶　系：直方晶系
比　重：3.4～3.6

鑑定要素

解理　單一方向

光澤　玻璃

硬度　8：標準莫氏硬度

顏色　無色、黃、黃棕、粉、紅、藍、綠色：幾乎涵蓋所有顏色範圍

條痕顏色　白色

磁性　FM：無反應　RM：無反應

晶面　矩形、菱形、三角形、梯形、接近梯形的五角形、接近梯形的六角形等平面。晶面的變化非常豐富

條紋　有：在柱面上與 c 軸軸向（通常朝晶體延伸的方向）平行

■ 聚集狀態

粒狀、塊狀的集合，晶形呈長～短柱狀，與 c 軸軸向垂直的截面類似菱形。

■ 主要產狀與共生礦物

流紋岩（紅色的綠柱石、赤鐵礦、方鐵錳礦、假板鈦礦等）（1-2），偉晶岩（石英、鉀長石、白雲母等）（1-2），熱液礦脈、換質岩（石英、白雲母、紅柱石等）（1-3）。

■ 其他

在高壓合成下會產生 OH ＞ F 的礦物，但天然的產出尚未得到證實。尺寸大到一定程度的晶體可透過其硬度和條紋等特性來區分，但細小晶體的集合體（亦稱**脈性黃玉**）很脆，所以看起來似乎硬度較低。色彩濃厚的黃玉在日本極為稀有，一般都是帶有些許藍色或黃色調，更接近無色的結晶。雖然被人們用作寶石，但顏色經由輻射等處理而加強或變色的品項也很多（尤其是深藍色，名叫**藍黃晶**的寶石）。

■ 黃玉

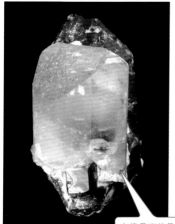

左右長度：約40mm
產地：岐阜縣中津川市苗木

在偉晶岩的晶洞中，伴隨煙晶產出。顏色會依據晶體內的範圍而異，帶有藍色或淡淡的黃棕色。

■ 黃玉

左右長度：約35mm
產地：美國猶他州

於流紋岩空隙中生成的長柱狀黃玉晶群。

榍石 *Titanite*

化學式：CaTiSiO₅
■ 晶　系：單斜晶系
■ 比　重：3.5

鑑定要素

解理	兩組方向
光澤	玻璃～脂肪
硬度	5～5½：可被工具鋼劃傷
顏色	無色、黃、黃棕、綠、粉紅、藍、棕黑色：大致位在紫色以外的所有色域，各有偏往白、黑方向的深淺色
條痕顏色	白～微黃色

磁性	FM：無反應　RM：無反應（但一部分有微弱反應，裡頭可能含鐵）
晶面	菱形、梯形、五角形（類似風箏）等平面
條紋	無

■ 聚集狀態

粒狀、塊狀的集合，晶形為木楔形的銳利板狀～尖柱狀（在日本亦名楔石）等等。

■ 主要產狀與共生礦物

中性岩～長英質火成岩（主要在深成岩中，罕見於火山岩中）（鈉長石、石英、金紅石、普通角閃石、普通輝石等）（1-1）、偉晶岩（石英、鉀長石等）（1-2），變質岩及阿爾卑斯式脈（鈉長石、透輝石、石英、方解石、綠簾石、綠泥石、鉀長石等）（3-1、3-2）。

■ 其他

鈣被稀土元素取代，鈦則多少被鐵或鋁取代。還有，用錫置換鈦的馬來亞石（malayaite）、以釩取代的釩馬來亞石（vanadomalayaite）也很出名。再者，甚至發現了鈣被鈉和釔代替的鈉榍石（natrotitanite）。榍石在日本多為黃棕色，其特有的晶體形態很容易辨識出來。在日本古老文獻、書籍——尤其是岩石學的書籍上，經常使用**楔石**（sphene）這個名稱。

■ 榍石

左右長度：約75mm
產地：岐阜縣飛驒市神岡町吉之原

大型結晶與透輝石和斜長石一起在變質岩中形成。過去這塊岩石被認定是正長岩，但近年研究表明其為變質岩。

■ 榍石

左右長度：約45mm
產地：巴基斯坦，巴提斯坦

產於阿爾卑斯式脈空隙中的綠色結晶。伴生鉀長石（冰長石）和綠泥石。

褐錳礦 *Braunite*

化學式：$Mn^{2+}Mn^{3+}_6O_8SiO_4$
- 晶　系：正方晶系
- 比　重：4.8

鑑定要素

解理 四組方向：但能看清辨識的很少

光澤 類金屬

硬度 6～6½：可被石英劃傷

顏色 黑色：大致位於黑色範圍

條痕顏色 棕色

磁性 FM：反應弱　RM：反應明顯

晶面 變形菱形、四角形等平面

條紋 有：在柱面上與c軸軸向正交

■ 聚集狀態

通常是塊狀、層狀的集合，晶形是由變形的菱形所組成的細長二十四面體錐狀等。有時也有以雙晶形成擬八面體的情況。

■ 主要產狀與共生礦物

變質錳礦床（石英、白雲母、薔薇輝石、蝕薔薇輝石、紅簾石、鈉長石、鋇長石、菱錳礦等）（3-1、3-2）。

■ 其他

在錳礦床中呈現黑色密集的不規則塊狀或層狀，伴隨著富含矽酸成分的礦物。不過褐錳礦本身的矽酸含量很貧乏，甚至在達那（Dana）的課本裡被歸類成氧化礦物。錳（Mn^{2+}）也有可能被鈣所取代。

■ 褐錳礦

左右長度：約25mm
產地：長崎縣長崎市戶根礦山

粒狀褐錳礦集合體的一部分。含錳的白雲母集合體細小呈粉紅色，移除這些集合體後，便能看到自形結晶。

■ 褐錳礦

左右長度：約65mm
產地：東京都奧多摩町白丸礦山

在帶有紅褐色調的母岩（含有細小的鈉長石、鋇長石、鋁矽鋇石、霓石等）裡發現的不規則塊狀褐錳礦。原本雖為層狀，但因伴隨變質的變形與換質作用而變成現在的模樣。

異極礦 *Hemimorphite*

鑑定要素

解理	兩組方向

光澤	玻璃

硬度	4½～5：幾乎與不銹鋼鋼釘相同

顏色	無色、白、灰、淺黃、淺藍、淺綠色：大致位於白色的範圍

條痕顏色	白色

磁性	FM：無反應　RM：無反應

晶面	五角形（將棋棋子形）、矩形等平面

條紋	無

■ 聚集狀態

粒狀、皮殼狀、球狀、葡萄狀等細微結晶的集合，晶形呈薄片狀等，在 *c* 軸的正值與負值各有形態相異的對稱性（異極像）。多呈現正值平坦、負值尖銳的形態。

■ 主要產狀與共生礦物

氧化帶（閃鋅礦、菱鋅礦、針鐵礦等）（4）。

■ 其他

外觀的藍色被認為是微量的 Cu^{2+} 所造成。遇鹽酸會融解但不會冒泡。只是，對那些伴生菱鋅礦的異極礦需謹慎以對。

第III章 ◆ 礦物圖鑑

■ 異極礦

左右長度：約40mm
產地：大分縣佐伯市
　　　木浦礦山

產於氧化帶的針鐵礦空隙中，板柱狀結晶呈扇形聚集。

■ 異極礦

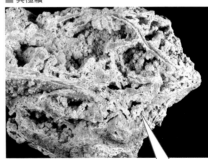

左右長度：約55mm
產地：富山縣富山市
　　　池之山播磨谷

幾乎整塊都是異極礦。在空隙裡可看到淺藍色的葡萄狀集合體。

153

斧石 *Axinite*

化學式：$(Ca,Mn^{2+})_2(Fe^{2+},Mn^{2+},Mg)Al_2BO(OH)(Si_2O_7)_2$
- 晶　系：三斜晶系
- 比　重：3.2～3.4

鑑定要素

解理 單一方向

光澤 玻璃

硬度 6½～7：幾乎與石英相同

顏色 灰、棕、淺紫、灰藍、灰綠、粉紅、黃、橘色：幾乎涵蓋所有色域，各有偏往白、黑方向的深淺色

條痕顏色 白色

磁性 FM：無反應
RM：反應明顯（強弱依 Fe^{2+} 含量而定，詳見第Ⅱ章，表Ⅱ.9）

晶面 近似菱形的四～八角形、矩形等平面

條紋 在寬大發達的晶面上與 a 軸軸平行。在其他較小平面上則與 c 軸軸平行

■ 聚集狀態

像斧頭一樣銳利的葉狀～板狀結晶，這些結晶以束狀或花瓣狀聚集在一起。

■ 主要產狀與共生礦物

變質岩及阿爾卑斯式脈（石英、方解石、綠簾石、紅簾石、鈣鋁-鈣鐵榴石、黑電氣石、矽硼鈣石、賽黃晶等）（3-1、3-2），綠岩截斷脈（石英、鈉長石、方解石、矽硼鈣石等）（3-3）。

■ 其他

礦物種有四種：鐵斧石（axinite-(Fe)，$Ca_2Fe^{2+}Al_2BO(OH)(Si_2O_7)_2$）、鎂斧石（axinite-(Mg)，$Ca_2MgAl_2BO(OH)(Si_2O_7)_2$）、錳斧石（axinite-(Mn)，$Ca_2Mn^{2+}Al_2BO(OH)(Si_2O_7)_2$）、廷曾斧石（tinzenite，$CaMn^{2+}Mn^{2+}Al_2BO(OH)(Si_2O_7)_2$），肉眼很難區分。產自變質錳礦床，介於黃～橘色間的品種，通常都是廷曾斧石。

■ 錳斧石

左右長度：約115mm
產地：大分縣豐後大野市 尾平礦山

產自矽卡岩的錳斧石。在晶洞裡可以看到令人讚嘆的晶群。

■ 廷曾斧石

左右長度：約65mm
產地：高知縣香美市 穴內礦山

伴隨紅簾石等礦物，橘色廷曾斧石的塊狀集合體以截斷褐錳礦的礦脈而生。

■ 鐵斧石

左右長度：約45mm
產地：岩手縣奧州市
　　　赤金礦山磁石山

產於矽卡岩之中的鐵斧石。周圍伴生方解石、陽起石、黑電氣石和鈣鐵榴石等。方解石已經融化，露出鐵斧石晶群。

■ 鎂斧石

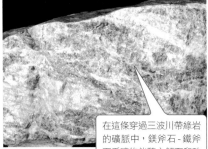

左右長度：約80mm
產地：長野縣大鹿村
　　　鹿鹽

在這條穿過三波川帶綠岩的礦脈中，鎂斧石-鐵斧石系礦物伴隨方解石和矽硼鈣石產出。依據位置不同而形成 Mg＞Fe,Mn、Fe＞Mg,Mn 的化學結構。

■ 鐵斧石

晶體左右長度：約45mm
產地：俄羅斯

由鋒利晶面組成的結晶，令人恰恰聯想到斧頭。

■ 錳斧石

左右長度：約70mm
產地：大分縣豐後大野市
　　　尾平礦山晶洞谷

矽卡岩中出產的錳斧石，其板狀結晶呈扇形聚集。

■ 鐵斧石

左右長度：約40mm
產地：宮崎縣日之影町
　　　尾小八重

產自矽卡岩之中，擁有鋒利晶面使其邊緣極薄，取出時容易缺損。

■ 鐵斧石

左右長度：約85mm
產地：靜岡縣靜岡市入島

在綠岩中與石英、矽硼鈣石等礦物一起產出，並形成礦脈的板狀結晶集合體。

綠簾石 *Epidote*

化學式：$Ca_2Al_2Fe^{3+}(Si_2O_7)(SiO_4)O(OH)$
■ 晶　系：單斜晶系
■ 比　重：3.4～3.5

鑑定要素

解理	單一方向
光澤	玻璃
硬度	6½：幾乎與石英相同
顏色	黃、綠、棕綠、黑綠色：位於黃色到綠色範圍，各有偏往白、黑方向的深淺色
條痕顏色	白色

磁性	FM：無反應 RM：反應明顯（強弱依 Fe^{3+} 含量而定，詳見第Ⅱ章，表Ⅱ.9）
晶面	細長六角形、矩形、梯形等平面
條紋	大型單晶的晶面上幾乎沒有：不過，在雙晶或平行連晶的集合體上，與晶柱平行的方向看起來有類似條紋的特色條狀紋路

■ 聚集狀態

細微結晶聚集成塊狀、針狀至柱狀結晶或其放射狀集合、厚板狀結晶等。

■ 主要產狀與共生礦物

偉晶岩（石英、白雲母、鈉長石等）（1-2），熱液礦脈與換質岩（石英、葡萄石、菱沸石、綠纖石等）（1-3），變質岩（石英、陽起石、綠泥石、白雲母、鈉長石、鉀長石、桐石等）（3-1），矽卡岩（方解石、鈣鋁-鈣鐵榴石、透輝石、鐵斧石、陽起石、矽灰石、符山石等）（3-2）。

■ 其他

如果缺乏 Fe^{3+} 的情況下就會變成斜黝簾石（clinozoisite），但其轉換的邊界卻無法以肉眼得知。要是約有一半的 Ca 被 Sr 取代（理想上 Ca_2 被 CaSr 取代），則形成另一種名為**鍶綠簾石**（epidote-(Sr)）的礦物（於高知縣穴內礦山發現），然而這也只有調查其化學結構才能知道。綠簾石是一種常見礦物，作為綠片岩的主要構成礦物尤其多產。大型結晶主要是在矽卡岩中發現。

■ 綠簾石

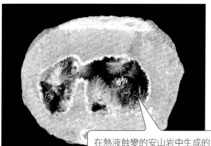

左右長度：約55mm
產地：長野縣上田市
　　　下本入

在熱液蝕變的安山岩中生成的礦瘤，其主成分為綠簾石。空隙的岩壁上覆蓋一層水晶，針狀綠簾石的放射狀集合體就位於其上。自古以來，這種礦石一直以「烤年糕石」的身分受到日本人的喜愛。

■ 綠簾石

左右長度：約70mm
產地：岩手縣遠野市
　　　釜石礦山佐比內

經常以矽卡岩的組成礦物被發現，在標本中則伴有方解石或鈣鐵榴石。稍顯粗粒的柱狀結晶組成一個掃帚狀的集合體。

紅簾石 *Piemontite*

化學式：Ca$_2$Al$_2$Mn^{3+}(Si$_2$O$_7$)(SiO$_4$)O(OH)
- 晶　系：單斜晶系
- 比　重：3.4～3.5

鑑定要素

解理	單一方向	**磁性**	FM：無反應　RM：無反應
光澤	玻璃	**晶面**	幾乎沒有足以看見晶面的大型晶體。在極少數情況下，可觀察到細長的矩形晶面
硬度	6～6½：可被石英劃傷		
顏色	粉紅、紅、紅棕、紅黑色：大致位於紅色範圍，各有偏往白、黑方向的深淺色	**條紋**	無：不過，在雙晶或平行連晶的集合體上，與晶柱平行的方向看起來有類似條紋的特色條狀紋路
條痕顏色	淺紅色		

■ 聚集狀態

細微結晶聚集成塊狀、針狀～柱狀結晶或該晶的掃帚狀、放射狀集合。

■ 主要產狀與共生礦物

變質岩與變質錳礦床（石英、白雲母、褐錳礦、錳鋁榴石等）（3-1、3-2）。

■ 其他

雖然有特色的外觀顏色和條痕色很容易辨識，但將其中約一半的 Ca 替換成 Sr 便成了鍶紅簾石（strontiopiemontite，CaSrAl$_2$ Mn^{3+}(Si$_2$O$_7$)(SiO$_4$)O(OH)）；要是 Mn^{3+} 再增加，就會形成崔迪爾石（tweddillite，CaSrAlMn$^{3+}_2$(Si$_2$O$_7$)(SiO$_4$)O(OH)），而除非查驗其化學結構，不然就無法區分它們。紅簾石主要見於石英片岩中，其源岩為富含錳的矽質沉積岩（燧石等），雖然片岩裡紅簾石含量低，但因其特有的顏色而被稱為**紅簾石片岩**。

■ 紅簾石

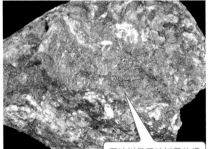

左右長度：約60mm
產地：群馬縣藤岡市
　　　鬼石町三波川

三波川是三波川帶的標準地點，沿著三波川露出的紅簾石片岩中，常常有透鏡狀的紅簾石富集於此。

■ 紅簾石

左右長度：約85mm
產地：兵庫縣
　　　南淡路市沼島

雖然三波川帶從關東地區延伸到日本西部，但淡路島南方的一個小島（沼島）的海岸也出現了美麗的露頭。部分石英片岩中可以看到略粗的紅簾石晶體。

符山石 *Vesuvianite*

化學式：Ca$_{19}$(Al,Mg,Fe,Mn)$_{13}$(SiO$_4$)$_{10}$
(Si$_2$O$_7$)$_4$(OH,F,O)$_{10}$
■晶　系：正方晶系　■比　重：3.3～3.4

鑑定要素

解理	無：破裂面呈類貝殼狀或凹凸不平
光澤	玻璃
硬度	6½：可被石英劃傷
顏色	紅棕、黑棕、淺棕、黃、綠、白、粉、紅、紫色：幾乎涵蓋所有色域，且深淺不一
條痕顏色	白色

磁性	FM：無反應　RM：微弱反應
晶面	正方形、矩形、菱形、六角形、八角形、梯形等平面
條紋	有：在柱面上與 *c* 軸平行

■ 聚集狀態

從細粒晶體的塊狀、針狀～柱狀結晶的放射狀、類平行狀集合體。其變化多端，從幾乎沒有柱面的正方雙錐體（類似把正反金字塔上下合併的形狀）到柱面發達延展的的晶體。錐面和柱面大小雷同的結晶近似於石榴石。

■ 主要產狀與共生礦物

蛇紋岩與異剝鈣榴輝長岩（蛇紋石、透輝石、葡萄石、鈣鋁榴石等）（3-1），矽卡岩（石英、方解石、白雲石、矽灰石、鈣鋁榴石、鋁方柱石等）（3-2）。

■ 其他

晶形明確時容易與鈣鋁 - 鈣鐵榴石區分，呈塊狀時則比較困難。雖然化學結構式非常複雜，但除了稍微添加 Mg 和 (OH,F) 且 Si 比較少一點外，幾乎與鈣鋁榴石有一樣的化學結構。另外有 Mn^{3+} 多的錳符山石（manganvesuvianite），F 多的氟符山石（fluorvesuvianite），B 多的硼符山石（wiluite），這些都被認定成不同的物種。

■ 符山石

左右長度：約40mm
產地：埼玉縣秩父市
　　　橋掛澤

矽卡岩中埋藏在方解石裡的符山石晶群。

■ 符山石

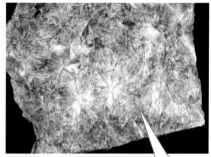

左右長度：約55mm
產地：岐阜縣關市
　　　洞戶礦山

矽卡岩中針狀結晶的放射狀集合礦塊。有時會與顏色較深的斜黝簾石混淆。

綠柱石（綠寶石）*Beryl*

化學式：$Be_3Al_2Si_6O_{18}$
晶　系：六方晶系
比　重：2.6～2.8

鑑定要素

解理	無：破裂面呈貝殼狀	**磁性**	FM：無反應　RM：無反應
光澤	玻璃	**晶面**	矩形、六角形、梯形等平面
硬度	7½～8：可被剛玉劃傷	**條紋**	有：在柱面上與 c 軸軸向（通常朝晶體延伸的方向）平行
顏色	無色、淺藍、靛藍、藍綠、綠、黃、粉、紅色等：幾乎涵蓋所有顏色範圍		
條痕顏色	白色		

■ 聚集狀態

自形結晶性很高，基本上與 c 軸軸向垂直的截面呈六角形的長～短柱狀晶形。

■ 主要產狀與共生礦物

流紋岩（黃玉、赤鐵礦、方鐵錳礦、假板鈦礦等）（1-1），偉晶岩（石英、鉀長石、白雲母、黑電氣石等）（1-2），熱液礦脈（石英，方解石、白雲母、錫石、鎢鐵礦等）（1-3），區域變質岩（黑雲母等）（3-1）。

■ 其他

根據顏色賦予了好幾個不同的變種名。有**透綠柱石**（無色）、**海藍寶石**（藍色、藍綠色）、**祖母綠**（綠色）、**金綠柱石**（黃色）、**粉綠柱石**（粉紅色）、**紅綠柱石**（紅色）等等。有時綠柱石看起來跟石英或磷灰石也很像，但晶體大到一定程度時，便能透過硬度或條紋等特徵來分辨。如果不能觀察到端面，就很難分辨其與晶形接近六方柱的鈉鋰電氣石不同（電氣石的端面具有滿足三次對稱軸的對稱性，綠柱石的端面則有滿足六次對稱軸的對稱性）。

■ 綠柱石

左右長度：約 30mm
產地：茨城縣霞浦市雪入

幾乎都是白色的綠柱石，伴隨磷酸鹽偉晶岩中的石英產出。

■ 綠柱石

左右長度：約50mm
產地：佐賀縣佐賀市杉山

產自石英脈的淺藍色綠柱石。顏色來自於微量的 Fe^{2+} 和 Fe^{3+} 含量。

■ 綠柱石

左右長度：約20mm
產地：巴基斯坦

從偉晶岩中生成的淺綠色綠柱石（海藍寶石）。晶體的一端是單純的正六角形晶面。這種顏色是因為含有微量的 Fe^{2+}。

■ 綠柱石

晶體長度：約10mm
產地：美國，猶他州

在流紋岩的空隙中產出顏色介於紅色到粉紅色之間的綠柱石，此為其單純的六角形短柱狀結晶。

■ 綠柱石

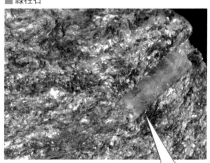

左右長度：約55mm
產地：奧地利，提羅爾邦

從黑雲母片岩裡誕生的綠色綠柱石（祖母綠）。祖母綠的綠色是源自微量的 Cr^{3+} 或 V^{3+} 含量。

160

菫青石 *Cordierite*

- 化學式：$(Mg,Fe^{2+})_2Al_3(AlSi_5)O_{18}$
- 晶　系：直方晶系
- 比　重：2.5～2.7

鑑定要素

解理 無：破裂面呈貝殼狀或凹凸不平

光澤 玻璃～脂肪

硬度 7～7½：可被黃玉劃傷

顏色 灰、灰藍、藍紫、黃、灰棕色等：帶有黃色到紫色範圍內的顏色；已知在大型透明晶體上，顏色會隨觀賞方向而出現明顯變化

條痕顏色 白色

磁性 FM：無反應
RM：弱～反應明顯（鐵愈多愈明顯）

晶面 矩形、六角形、梯形等平面

條紋 無

■ 聚集狀態

粒狀，塊狀。擬六角柱狀的晶形。

■ 主要產狀與共生礦物

火成岩（石英、鎂鐵閃石等）（1-1），區域變質岩、接觸變質岩、火山岩中的變質捕獲岩（石英、白雲母、黑雲母、紅柱石、綠泥石、黃鐵礦、富鋁紅柱石等）（3-1、3-2）。

■ 其他

高溫型（六方菫青石）是真正的六方晶系，低溫型菫青石多以擬六方晶系的形態出現。可能的原因是——最初菫青石因高溫而以六方晶系生成（核心部分是六方晶系），當溫度變低後，其外側被直方晶系的結構包覆生長，因此外觀才會看起來像六方柱。另外還有一說法，認為這是一種3個結晶的穿插雙晶。有時在變質末期，菫青石在熱液作用下分解，隨後轉變成白雲母或綠泥石等礦物。尤其是在泥岩起源的角頁岩中所含的六角柱狀結晶，因其截面看起來像是花瓣一樣，故有**櫻石**之稱。看起來只是灰色的粒狀菫青石跟石英很相似。

■ 菫青石

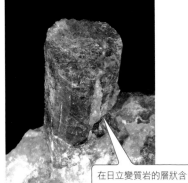

左右長度：約30mm
產地：茨城縣日立市 日立礦山

在日立變質岩的層狀含銅硫化鐵礦礦床（Kieslager）中產出的大型未蝕變菫青石。

■ 菫青石（疣石）

左右長度：約55mm
產地：神奈川縣山北町 戲之澤

細小的粒狀石英、磁鐵礦和菫青石在接觸變質岩中形成球狀集合體。其耐風化而突出母岩的模樣，使其在日本亦被稱為**疣石**。

161

■ 似晶質菫青石（櫻石）

左右長度：約40mm
產地：京都府龜岡市稗田野

在風化角頁岩裡發現的**櫻石**。實體大致都是微小的白雲母集合體（絹雲母）。

■ 鐵菫青石

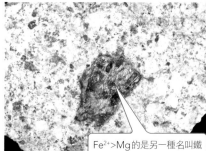

左右長度：約50mm
產地：三重縣熊野市新鹿

Fe^{2+}>Mg的是另一種名叫鐵菫青石（sekaninaite）的物種。起因是花崗岩岩漿帶走的粘土沉積物，有時也會伴生矽線石或紅柱石等礦物。

■ 菫青石

晶體左右長度：約35mm
產地：馬達加斯加

變質岩裡大粒分離結晶的一部分。照片是從看起來為黃色的方向拍攝的。

■ 菫青石

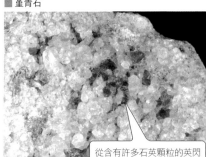

左右長度：約45mm
產地：宮城縣川崎町安達

從含有許多石英顆粒的英閃岩（類似花崗岩，但不含鹼性長石的深成岩）中，產出六方柱狀～粒狀結晶的菫青石。

■ 菫青石

左右長度：約60mm
產地：長野縣輕井澤町淺間山

一個富含鋁且經歷過高溫變質的捕獲岩，其形成了菫青石、矽線石與富鋁紅柱石等礦物。

■ 菫青石

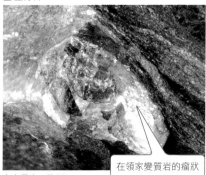

左右長度：約50mm
產地：長野縣飯田市八重河內

在領家變質岩的瘤狀位置包含的菫青石。有時會伴生紅柱石。

162

鈉鋰電氣石 *Elbaite*

化學式：Na(Al$_{1.5}$Li$_{1.5}$)Al$_6$(Si$_6$O$_{18}$)(BO$_3$)$_3$(OH)$_3$(OH)

■ 晶　系：三方晶系　■ 比　重：3.0～3.1

鑑定要素

解理	無：破裂面呈貝殼狀
光澤	玻璃～脂肪
硬度	7～7½：可被黃玉劃傷
顏色	無色、綠、藍、粉紅，紅、黃、橘、棕色等：從白色到幾乎所有的色域
條痕顏色	白色

磁性	FM：無反應　RM：無反應
晶面	矩形、三角形、六角形、扁平五角形等平面
條紋	有：在柱面上與延伸方向（*c*軸方向）平行

■ 聚集狀態

自形結晶性很高，呈三角柱、六角柱等形狀的針狀～柱狀結晶。

■ 主要產狀與共生礦物

偉晶岩（石英、鈉長石、鋰雲母、白雲母等）（1-2）。

■ 其他

與綠柱石一樣按顏色賦予變種名。有**紅電氣石**（粉紅到紅）、**藍電氣石**（藍）、**綠電氣石**（綠）、**紫電氣石**（紫紅）和**無色電氣石**（無色）。另外，還有單一結晶分為兩種顏色（兩端）或三種顏色（兩端和中間）的組合配色，以及單一結晶分成內部（紅色）和外面（綠色）兩種顏色的**西瓜配色**。深綠色的鈉鋰電氣石可能是不同的物種（如含鉻鈣鎂電氣石等）。此外，以 Ca 代替 Na 的含氟鈣鋰電氣石，以及 Na、Li 較少，Al 較多的**羅氏電氣石**（與福伊特石同類型），這兩者跟鈉鋰電氣石的差異都無法用肉眼辨別。

■ 鈉鋰電氣石

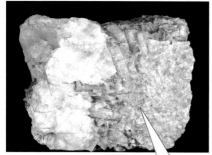

左右長度：約75mm
產地：茨城縣常陸太田市妙見山

在鋰偉晶岩中與石英伴生的淺藍色鈉鋰電氣石。在日本以前的報告文書上曾被認定為綠柱石。

■ 鈉鋰電氣石

左右長度：約80mm
出身：福岡縣福岡市長垂

鋰偉晶岩中伴生石英和鈉長石等礦物的粉紅色鈉鋰電氣石。

電氣石（黑電氣石 - 鈉鎂電氣石）

Schorl - Dravite

化學式：$Na(Fe^{2+},Mg)_3Al_6(Si_6O_{18})(BO_3)_3(OH)_3(OH)$
■ 晶　系：三方晶系
■ 比　重：3.3～3.0

鑑定要素

解理　無：破裂面呈貝殼狀

光澤　玻璃～脂肪

硬度　7～7½：可被黃玉劃傷

顏色　黑、黑棕、棕色等：從黑色到略帶橘色的範圍

條痕顏色　淺棕～灰色

磁性　FM：無反應　RM：反應清晰（黑電氣石）～弱（鈉鎂電氣石）

晶面　矩形、三角形、六角形、扁平五角形等平面

條紋　有：在柱面上與延伸方向（c 軸方向）平行

■ 聚集狀態

自形結晶性很高，呈三角柱、六角柱、十二角柱等形狀的絨毛狀～柱狀結晶，有時也有絨毛狀～細柱狀結晶呈放射狀聚集的情況。在少數情況下，也有單獨三角錐面，幾乎沒有柱面的雙錐晶體。晶體的前端（或最外側）也有可能是幾乎不含 Na，Al 稍多一點的福伊特石 - 鈉鎂電氣石類（foitite，$(\square,Na)Fe^{2+}_2AlAl_6(Si_6O_{18})(BO_3)_3(OH)_3OH$ - magnesiofoitite，$(\square,Na)Mg_2AlAl_6(Si_6O_{18})(BO_3)_3(OH)_3OH$）（上述的 □ 表示應有卻沒有元素的位置）。

■ 主要產狀與共生礦物

長英質火成岩（石英、鉀長石等）（1-1），偉晶岩（石英、鉀長石、鈉長石、白雲母、鐵鋁榴石等）（1-2），變質岩（石英、斧石、鈣鐵榴石、方解石、綠泥石等）（3-1、3-2）。

■ 其他

黑電氣石的外觀雖是黑色，但用薄碎片遮光時，透射光會呈綠色或深藍色。鈉鎂電氣石外觀為黑棕色至棕色，透射光呈黃棕色。因為既硬又脆，所以測量硬度時還請多加留意。也有在保留電氣石形態之下，蝕變成白雲母或綠泥石的情況。矽卡岩或片麻岩等地產的有些會富含鈣。位於鎂鈣電氣石（feruvite，$CaFe^{2+}_3(Al_5Mg)(Si_6O_{18})(BO_3)_3(OH)_3OH$-uvite、$CaMg_3(Al_5Mg)(Si_6O_{18})(BO_3)_3(OH)_3OH$）與黑電氣石 - 鈉鎂電氣石邊界的品種，不作化學分析就無法加以區別。

■ 黑電氣石

晶體長度：約20mm
產地：岩手縣遠野市
　　　上宮守

埋藏在偉晶岩內石英之中的黑電氣石。很好地體現出電氣石的特徵：端面的三次旋轉對稱與柱面上無數的發達條紋。

■ 黑電氣石

晶體長度：約30mm
產地：阿富汗

因為晶體兩端看起來很完美，所以可理解電氣石是異極晶。

■ 黑電氣石

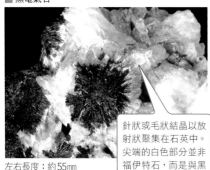

左右長度：約55mm
產地：大分縣豐後大野市
　　　尾平礦山

針狀或毛狀結晶以放射狀聚集在石英中。尖端的白色部分並非福伊特石，而是與黑色部分幾乎相同的黑電氣石。

■ 鈉鎂電氣石

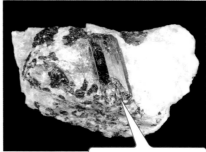

左右長度：約75mm
產地：愛知縣豐川市
　　　久田野

在領家變質帶中發現的鈉鎂電氣石，產自變質錳礦床。可在柱面看到黃棕色的內部反射。

■ 鈉鎂電氣石

晶體左右長度：約55mm
產地：澳洲，西澳洲

從區域變質岩中產出的鈉鎂電氣石，擁有非常單純的結晶形態。

■ 鈉鎂電氣石

左右長度：約30mm
產地：福島縣石川町北山形

滑石化變質岩裡的鈉鎂電氣石。晶體兩端多半不太清晰。

頑火輝石 *Enstatite*

■ 化學式：$(Mg,Fe^{2+})_2Si_2O_6$
■ 晶　系：直方晶系
■ 比　重：3.2～3.6

鑑定要素

解理　兩組方向

光澤　玻璃～類金屬

硬度　5～6：可被石英劃傷

顏色　無色、白、灰、淺黃、淺綠、棕綠、棕色等：位於橘色到綠色範圍，偏向白色或黑色

條痕顏色　白色（富含鐵時會微帶棕色）

磁性　FM：無反應
RM：反應弱～明顯（鐵愈多愈明顯）

晶面　細長六角形或八角形、梯形等平面

條紋　無

■ 聚集狀態

粒狀、塊狀、放射狀，方柱至板柱狀的晶形。也有前端尖銳的晶形。

■ 主要產狀與共生礦物

火成岩與隕石（鎂橄欖石、透輝石、普通輝石、尖晶石、斜長石、斜頑火輝石、鱗石英等）（1-1），變質岩（鈣長石、普通輝石、鐵鋁榴石、韭閃石、鈦鐵礦等）（3-1、3-2）。

■ 其他

$Mg>Fe^{2+}$ 的是頑火輝石，$Mg<Fe^{2+}$ 的則是**鐵輝石**（ferrosilite）。中間組成成分按鐵含量從高到低，依序命名為古銅輝石（bronzite）、紫蘇輝石（hypersthene）、鐵紫蘇輝石（ferrohypersthene）和易熔輝石（eulite），不過目前並非正式種名。日本的安山岩多含有頑火輝石（成分相當於古銅輝石～紫蘇輝石）和普通輝石，被稱作**兩輝安山岩**（或二輝安山岩）。跟普通輝石比起來，黑色調較為缺乏。

■ 頑火輝石

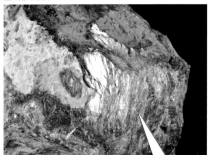

左右長度：約40mm
產地：福井縣高濱町二間瀨海岸

超鎂鐵深成岩的一種。構成輝石岩（pyroxenite）的頑火輝石在解理面上散發出獨特的類金屬光澤。

■ 頑火輝石

左右長度：約25mm
產地：宮城縣加美町大瀧

隨鱗石英（無色透明板狀結晶）一起在安山岩的空隙中以自形結晶的形式生長。相當於紫蘇輝石。

166

■ 頑火輝石

晶體長度：約12mm
產地：東京都小笠原村智島

玻紫安山岩（一種富含鎂的特殊安山岩）裡的斑晶，相當於古銅輝石。在沙灘上可以看到鶯砂，此為這種輝石的富集，由玻紫安山岩風化分離而成。

■ 鶯砂

左右長度：約140公分
產地：東京都小笠原村父島
　　　釣濱

頑火輝石（舊稱古銅輝石）結晶和碎片富集的沙灘。這種東西叫作鶯砂。

■ 頑火輝石

左右長度：約65mm
產地：岡山縣新見市
　　　高瀨礦山

因為鐵含量低，所以超鎂鐵岩中的直（斜）輝石多半與頑火輝石的端元很類似。

■ 頑火輝石

中心晶體長度：約3mm
產地：佐賀縣玄海町
　　　日出松

在鹼性玄武岩與橄欖石岩質捕獲岩之間的空隙中發現的頑火輝石（舊稱紫蘇輝石）結晶。

透輝石-鈣鐵輝石

Diopside - Hedenbergite

■ 化學式：Ca(Mg,Fe^{2+})Si$_2$O$_6$
■ 晶　系：單斜晶系
■ 比　重：3.3～3.6

鑑定要素

解理	兩組方向
光澤	玻璃
硬度	5½～6½：可被石英劃傷
顏色	無色、灰、淺綠、深綠、黃、粉紅、紫、綠棕、黑棕色等：位於黃色至紫色範圍，透輝石偏向白色，鈣鐵輝石偏向黑色
條痕顏色	白色～帶淺綠灰色

磁性	FM：無反應 RM：弱～反應明顯（鐵愈多愈明顯）
晶面	五角形（細長的將棋棋形）、六角形、梯形等平面
條紋	無

■ 聚集狀態

粒狀、塊狀、纖維狀，晶形方柱狀～板柱狀。在透輝石上亦可觀察到前端尖銳的晶形。

■ 主要產狀與共生礦物

火成岩（鎂橄欖石、頑火輝石、斜長石等）（1-1），區域變質岩與接觸變質岩（方解石、白雲石、鈣鋁-鈣鐵榴石、磁鐵礦、白鎢礦等）（3-1、3-2）。

■ 透輝石

中央晶體長度：約10mm
產地：佐賀縣伊萬里市古場
　　　（俗稱西之岳）

包含在火山碎屑岩中，分離後埋藏在沼澤的沉積物裡。箭羽型雙晶也很常見。

■ 其他

Mg>Fe^{2+}的是透輝石，Mg<Fe^{2+}的是鈣鐵輝石。在這其中添加Mn^{2+}，而且形成Mn^{2+}>Mg,Fe^{2+}的礦物稱作**錳鈣輝石**（johannsenite）。端元的透輝石無色透明，但加入鐵或錳後便上了色。接近端元的鈣鐵輝石呈深綠色，錳鈣輝石是藍色調偏強烈的綠色（淺蔥色），不過中間固溶體的色調五花八門。這類礦物無法以肉眼分辨。火山岩中的透輝石與輝石有相同的晶體形態，所以有時會被誤認成輝石。佐賀縣伊萬里市生產的輝石就是一個例子，經過化學分析，發現其含鈣量很高，按《輝石命名法》歸類為透輝石。肉眼上，可以透過綠色調強烈、不像普通輝石那麼黑來區分。

■ 透輝石

左右長度：約95mm
產地：岐阜縣關市
　　　洞戶礦山

在矽卡岩中發現的一種特殊形式的透輝石晶體。板柱狀結晶的前端尖銳的類型很多。

■ 鈣鐵輝石

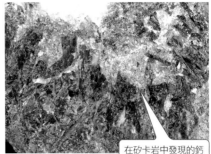

左右長度：約50mm
產地：岩手縣遠野市
　　　釜石礦山佐比內

在矽卡岩中發現的鈣鐵輝石柱狀晶群。伴有鈣鐵榴石和方解石。

■ 錳鈣輝石

左右長度：約65mm
產地：新潟縣新發田市
　　　赤谷礦山

在矽卡岩中發現的錳鈣輝石，其柱狀結晶以束狀聚集而成。粉紅色的部分是薔薇輝石。錳鈣輝石也產於低溫的熱液礦脈中（如：靜岡縣河津礦山等）。

■ 鈣鐵輝石

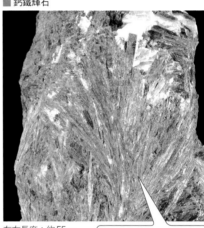

左右長度：約55mm
產地：岐阜縣山縣市
　　　柿野礦山

鈣鐵輝石的長柱狀結晶集合體，帶有微量的方解石和石英。沿裂開的方向可以看到花瓣狀的紋路，因此曾作為觀賞石開採。

■ 透輝石

左右長度：約30mm
產地：神奈川縣山北町戲之澤

構成矽卡岩的透輝石短柱狀結晶。伴有方解石和符山石岩。

普通輝石 *Augite*

化學式：$(Ca,Mg,Fe^{2+})_2Si_2O_6$
晶　系：單斜晶系
比　重：$3.2\sim3.6$

鑑定要素

解理 兩組方向

光澤 玻璃

硬度 $5\frac{1}{2}\sim6$：可被工具鋼劃傷

顏色 棕黑、黑、深棕色等：從黑色到棕色的範圍

條痕顏色 帶淺棕灰色

磁性 FM：無反應
RM：反應弱（反應明顯時，有磁鐵礦包裹體的可能性很高）

晶面 五角形（細長將棋棋形）、六角形、梯形、菱形、八角形等平面

條紋 無

■ 聚集狀態

粒狀、六角形或八角形短柱狀晶形。箭羽型雙晶。

■ 主要產狀與共生礦物

火成岩（鎂鐵質～中性岩為主）（鎂橄欖石、頑火輝石、普通角閃石、鈣長石、磁鐵礦、鈦鐵礦等）（1-1）。

■ 其他

化學結構的幅度很廣，可能含有少量的 Na、Al、Ti、Fe^{3+} 等。更多的 Ca（Mg、Fe^{2+} 不足）使其趨近透輝石 - 鈣鐵輝石類；缺乏 Ca （Mg、Fe^{2+} 變多）形成易變輝石（pigeonite，$(Mg,Fe^{2+},Ca)(Mg, Fe^{2+})Si_2O_6$）；Na、Al、$Fe^{3+}$ 增加時，則接近翠綠輝石（omphacite，$(Ca,Na)(Mg, Fe^{2+},Al) Si_2O_6$）- 霓輝石（aegirine-augite，$(Ca,Na)(Fe^{2+},Fe^{3+},Mg)Si_2O_6$）類。Ti 多的類型可在鹼性火山岩中觀察到。其與普通角閃石的鑑定，可透過兩個解理所形成的角度（輝石約 90°，角閃石約 120°）或晶柱截面的形狀（普通輝石常為八角形，普通角閃石則較多菱形或扁平形六角形）來分辨。如果不能觀察到這些資訊，就用顏色來判斷。黑色調強烈就是普通輝石，棕色或綠色傾向比較強則是普通角閃石的可能性比較高。

■ 普通輝石

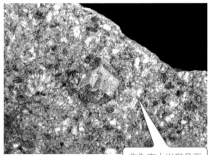

晶體長度：約 8mm
產地：神奈川縣山北町谷峨

作為安山岩斑晶而生的普通輝石。

■ 普通輝石

中間有點細長的晶體長度：約 12mm
產地：宮城縣仙台市放山

火山碎屑物質中含有的普通輝石分離群晶。

輝玉 *Jadeite*

- 化學式：NaAlSi$_2$O$_6$
- 晶　系：單斜晶系
- 比　重：3.2～3.4

鑑定要素

解理 兩組方向

光澤 玻璃

硬度 6～7：有可能被石英劃傷

顏色 無色、白、淺綠、淺藍、淺紫色等：純粹的晶體是無～白色，因含有微量成分而染色

條痕顏色 白色

磁性 FM：無反應　RM：無反應

晶面 雖然幾乎沒有展示出晶形，但極少情況下是矩形的平面

條紋 有：在柱面上與 c 軸平行

■ 聚集狀態

密集塊狀、針狀～板柱狀結晶的集合體。

■ 主要產狀與共生礦物

區域變質岩與綠岩（鈉長石、石英、翠綠輝石、藍閃石、鎂鋁鈉閃石、綠閃石、綠纖石、硬柱石、鋯石、鈉沸石、方沸石等）（3-1、3-3）。

■ 其他

綠色來自 Fe^{2+} 或 Cr^{3+}，藍色則是 Fe^{2+} 和 Ti^{4+}，藍紫色是 Ti^{3+}?（「？」表示「有可能但未確定」），紅紫色為 Mn^{2+} 或 Mn^{3+}。當 Cr 增加且 Cr > Al 時，就會變成深綠色的鈉鉻輝石（kosmochlor，NaCrSi$_2$O$_6$）；Fe^{2+} 和 Mg 一增加，Ca 也會增加（Na 則減少），並變成翠綠輝石。雖然翡翠給人的印象是綠色的，但那種東西通常是礦物學上定義的翠綠輝石，而不是輝玉。翡翠是一種以輝玉為主成分的岩石，次要成分是上述的共存礦物等，微量成分則含有榍石或以 Sr 為主成分的多種礦物（糸魚川石、松原石、鍶鈉長石等）。翡翠的細緻集合體頗為強韌，感覺比實際硬度還要硬。在新潟縣糸魚川市等翡翠產區（河或海岸）發現的類似翡翠的岩石，有**鈉長岩**（幾乎均由鈉長石組成的白色岩石）、**異剝鈣榴輝長岩**（由鈣鋁榴石、葡萄石和透輝石組成的細密岩石）以及**狐石**（由碳酸鹽礦物組成的岩石，如包括綠色含鉻白雲母在內的菱鎂礦等等）。

■ 輝玉

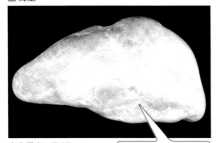

左右長度：約65mm
產地：新潟縣糸魚川市

大部分的白色區域是輝玉。綠色部分主要是翠綠輝石。

■ 輝玉

左右長度：約12mm
產地：群馬縣下仁田町茂垣

在海底玄武岩變質作用所形成的綠岩空隙中，可看到輝玉的自形結晶。其空隙部分是方沸石分解後形成的。

矽灰石 *Wollastonite*

■ 化學式：$Ca_3Si_3O_9$
■ 晶　系：三斜晶系
■ 比　重：2.9～3.1

鑑定要素

解理 三組方向

光澤 玻璃、珍珠（解理面）、絲絹（纖維狀集合體）

硬度 4½～5：幾乎與不銹鋼鋼釘相同

顏色 無色、白、灰白、淺綠、淺粉色等：多為白色，因雜質而些許染色

條痕顏色 白色

磁性 FM：無反應　RM：無反應

晶面 幾乎不曾看過，但極少有矩形等平面

條紋 無：解理的條狀紋路有可能被誤認

■ 聚集狀態

纖維狀。板柱狀晶形。

■ 主要產狀與共生礦物

區域變質岩（石灰岩源岩）和矽卡岩（方解石、石英、透輝石、鈣鋁榴石、符山石等）（3-1、3-2）。

■ 其他

跟透閃石的白色纖維狀集合體很相似，但由於透閃石的硬度較高，所以可加以辨別。類似晶體結構的針鈉鈣石（pectolite，$Ca_2NaSi_3O_8(OH)$）、鈣薔薇輝石（bustamite，$Ca_3(Mn^{2+},Ca)_3(Si_3O_9)_2$），鐵鈣薔薇輝石（ferrobustamite，$Ca_3(Fe^{2+},Ca)_3(Si_3O_9)_2$）也經常以纖維狀結晶集合體的形式產出。針鈉鈣石產於變質輝長岩或鹼性火成岩等地。鈣薔薇輝石從變質錳礦床產出，呈現明顯的粉紅色。矽卡岩中的鐵鈣薔薇輝石與矽灰石的產狀雷同，但帶有微微的棕色調。在單位晶格的堆疊方式上，我們知道單斜晶系（以前稱為**副矽灰石**，現在則以wollastonite-2*M*表示，以及具有更多堆疊單元的四種三斜晶系類（一般型為wollastonite-1*A*，以下分別標示為-3*A*、-4*A*、-5*A*、-7*A*）。這些可藉由繞晶X光分析和高解析度透射電子顯微鏡觀察來辨識。這種礦物名叫**同質異型**，不視為獨立的物種（雲母類也是如此）。

■ 矽灰石

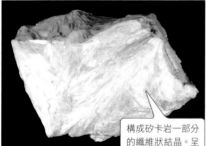

左右長度：約110mm
產地：岐阜縣揖斐川町川合

構成矽卡岩一部分的纖維狀結晶。呈放射狀或扇狀集合。

■ 矽灰石

中心晶體長度：約8mm
產地：埼玉縣秩父市秩父礦山道伸窪

產於矽卡岩中，方解石融解後，出現板柱狀矽灰石晶體。

薔薇輝石 *Rhodonite*

□ 化學式：CaMn²⁺₄Si₅O₁₅
■ 晶　系：三斜晶系
■ 比　重：3.6～3.8

鑑定要素

解理 幾近正交的兩組方向

光澤 玻璃

硬度 5½～6½：與工具鋼差不多

顏色 粉紅～鮮紅色，罕見帶有紫色：從淺橘色到淺紫色的範圍，趨向與白色之間的中間色

條痕顏色 白色

磁性 FM：幾乎沒有反應　RM：反應明顯

晶面 菱形、拉長不規則的四～七角形等平面

條紋 有：有相鄰的晶面時，這些平面上的條紋會互相平行。柱狀結晶則與延伸方向平行

■ 聚集狀態

大多是細微～粗粒狀的晶體組成不規則塊狀，或與其他礦物形成層狀。

■ 主要產狀與共生礦物

熱液礦脈（石英、紅矽鈣錳礦、菱錳礦、錳鈣輝石、硫化礦物等）(1-3)、變質錳及其他金屬礦床（石英、錳橄欖石、菱錳礦、三斜錳輝石、錳鋁榴石、褐錳礦、蝕薔薇輝石、矽錳礦、紅鈦錳、鎢錳礦、硫化礦物等）(3-1、3-2）。

■ 其他

長時間放置在室外會變黑。無法與三斜錳輝石區分。用硬度區分菱錳礦，以顏色差異分辨蝕薔薇輝石。最近，薔薇輝石的定義變更，狹義的薔薇輝石化學結構為 CaMn²⁺₄Si₅O₁₅。CaMn²⁺₃Fe²⁺Si₅O₁₅ 則稱為鐵薔薇輝石，而 Mn²⁺₅Si₅O₁₅ 則被稱作維汀基薔薇輝石（Vittinkiite）。

■ 薔薇輝石

左右長度：約80mm
產地：京都府木津川市
　　　法花寺野礦山

淺灰綠色的錳橄欖石和帶狀重複的薔薇輝石。

■ 薔薇輝石

左右長度：約40mm
產地：澳洲，
　　　布洛肯希爾礦山

在受到高溫高壓變質作用的沉積岩中發展的鉛、鋅、銀礦床裡的方鉛礦，以及與其伴生的薔薇輝石。

透閃石-陽起石
Tremolite - Actinolite

■ 化學式：$Ca_2(Mg,Fe^{2+})_5Si_8O_{22}(OH)_2$
■ 晶　系：單斜晶系
■ 比　重：3.0～3.2

鑑定要素

解理	兩組方向：可能出現垂直於柱面的開裂

光澤	玻璃、絲絹（纖維狀集合體）

硬度	5～6：可被工具鋼劃傷

磁性	FM：無反應 RM：反應弱（陽起石）

晶面	矩形（柱面）等平面：端面幾乎不太出現

條紋	有：在柱面上與 c 軸平行

顏色	無色、白、淺黃綠、淺綠、深綠色等：位於白色至綠色的範圍。鐵含量愈多，綠色愈濃

條痕顏色	白色（透閃石）～ 非常淺的綠色（陽起石）

■ 聚集狀態

纖維狀結晶的塊狀集合體，晶形呈菱形或扁平的六角柱狀。

■ 主要產狀與共生礦物

變質岩（石英、方解石、白雲石、綠簾石、普通角閃石、滑石、蛇紋石等）（3-1、3-2）。

■ 透閃石

左右長度：約45mm
產地：岐阜縣揖斐川町川合

產自鎂質矽卡岩中的纖維狀透閃石結晶集合體。

■ 其他

一種在綠色片岩和矽卡岩中頗具特色的角閃石，可能伴有蛇紋岩一同出現。在變質錳礦床上，則含有少量的 Mn^{2+}。依據其化學結構，將 $Mg/(Mg+Fe^{2+})=1.0-0.9$ 定義為透閃石，$Mg/(Mg+Fe^{2+})=0.9-0.5$ 定義為陽起石。遇到白色結晶可判斷為透閃石，但些微趨近綠色邊界的，就只能透過化學分析來區分。含鐵多於陽起石（$Mg/(Mg+Fe^{2+})<0.5$）的稱為**鐵陽起石**（ferro-actinolite），不過這也只能透過化學分析來辨別。有時會與鐵礦石一起從矽卡岩產出。

■ 陽起石

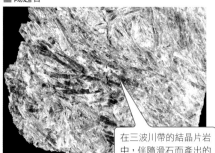

左右長度：約60mm
產地：兵庫縣南淡路市沼島

在三波川帶的結晶片岩中，伴隨滑石而產出的板柱狀結晶。晶體尖端細成刃狀或針狀。

普通角閃石 *Hornblende*

化學式：$Ca_2(Mg,Fe^{2+})_4Al(Si_7Al)O_{22}(OH)_2$
■ 晶　系：單斜晶系
■ 比　重：3.0～3.5

鑑定要素

解理　兩組方向

光澤　玻璃

硬度　5～6：可被工具鋼劃傷

顏色　深綠、棕～黑色等：從黑色偏向微綠色或橘色的範圍

條痕顏色　淺淺的帶綠灰色

磁性　FM：無反應
RM：反應弱（反應明顯時，有磁鐵礦包裹體的可能性很高）

晶面　矩形、菱形、梯形等平面

條紋　無

■ 聚集狀態

柱狀結晶的塊狀集合，晶形呈菱形或扁平六角柱狀。

■ 主要產狀與共生礦物

火成岩（石英、黑雲母、斜長石、普通輝石、鎂橄欖石等）（1-1）、變質岩（石英、黑雲母、斜長石、綠簾石、透輝石、陽起石、鐵鋁榴石等）（3-1、3-2）。

■ 普通角閃石

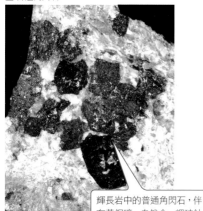

左右長度：約55mm
產地：岩手縣一關市
　　　矢越礦山

輝長岩中的普通角閃石，伴有黃銅礦、自然金、輝砷鈷礦等礦物。大部分都歸類為鐵普通角閃石，但一部分為鐵韭閃石。

■ 其他

雖是火成岩和變質岩中很重要的造岩礦物，但其化學結構豐富，即使外觀相同，也會形成與其他礦物不同結構的礦物晶體，如鎂鐵閃石（cummingtonite，$(Mg,Fe^{2+})_7Si_8O_{22}(OH)_2$）、韭閃石（pargasite，$NaCa_2(Mg, Fe^{2+})_4Al(Si_6Al_2)O_{22}(OH)_2$）、鈦閃石（kaersutite，$NaCa_2(Fe^{2+},Mg)_3Ti^{4+}Al(Si_6Al_2)O_{22}(O,OH)_2$）等。依其化學成分，將 Mg＞$Fe^{2+}$ 定義為鎂普通角閃石（magnesio-hornblende），M<Fe^{2+} 定義為鐵普通角閃石（ferro-hornblende）。嚴格來說只能透過化學分析來區分。

■ 普通角閃石

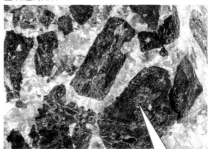

左右長度：約65mm
產地：千葉縣鴨川市西

變質輝長岩中含有斜長石（鈣長石成分較多）的鎂普通角閃石。

藍閃石 - 鐵藍閃石
Glaucophane - Ferro-glaucophane

化學式：□Na$_2$(Mg,Fe^{2+})$_3$
Al$_2$Si$_8$O$_{22}$(OH)$_2$
- 晶　系：單斜晶系
- 比　重：3.0

鑑定要素

解理	兩組方向	磁性	FM：無反應　RM：反應弱
光澤	玻璃	晶面	幾乎觀察不到：罕有矩形（柱面）
硬度	5～6：可被工具鋼劃傷	條紋	有：在柱面上與 c 軸平行

顏色 灰藍、藍紫、深靛藍等：位於藍色到紫色的範圍內，略微偏向白色

條痕顏色 淺藍紫色

■ 聚集狀態

纖維狀、針狀結晶的塊狀集合。菱形長柱狀結晶。

■ 主要產狀與共生礦物

區域變質岩（輝玉、翠綠輝石、硬柱石、綠簾石、綠泥石、鐵鋁榴石等）(3-1)。

■ 其他

主要產自低溫高壓所形成的結晶片岩中，以藍閃石 - 鐵藍閃石為主要造岩礦物時，整體會呈藍色調，所以又被稱作**藍片岩**（blueschist）。在乾燥的狀態下可能很難理解，但用水浸濕後會呈現出帶有明顯紫色的藍青色，所以很好辨識。顏色愈深，鐵含量就愈多，不過嚴格來說，不做化學分析便無法判斷是藍閃石還是鐵藍閃石。此外，還有將 Al 換成 Fe^{3+} 的鎂鈉閃石（magnesio-riebeckite，□Na$_2$(Mg,Fe^{2+})$_3$ Fe$_2^{3+}$Si$_8$O$_{22}$(OH)$_2$）- 鈉閃石（riebeckite，□Na$_2$(Fe^{2+},Mg)$_3$Fe$_2^{3+}$Si$_8$O$_{22}$(OH)$_2$）類，由於外觀上變化不大，因此這四種礦物的肉眼鑑定相當困難。只不過，鎂鈉閃石 - 鈉閃石類亦有在變質岩以外（如花崗岩和正長岩）的地方產出。

■ 藍閃石

左右長度：約70mm
產地：熊本縣八代市東陽

由非常細的藍閃石針狀結晶和硬柱石（白色區域）組成的變質岩。

■ 鐵藍閃石

左右長度：約45mm
產地：高知縣高知市三谷

細小的鐵藍閃石針狀結晶集合體，伴隨著輝玉、翠綠輝石、硬柱石等（淺綠色至白色部分）礦石。

紅矽鈣錳礦 *Inesite*

- 化學式：$Ca_2Mn_7^{2+}Si_{10}O_{28}(OH)_2 \cdot 5H_2O$
- 晶　系：三斜晶系
- 比　重：3.0

鑑定要素

解理 單一方向

磁性 FM：無反應　RM：反應弱

光澤 玻璃；纖維狀結晶集合體為絲絹光澤

晶面 幾乎觀察不到；罕有矩形（柱面）

硬度 6：可被工具鋼劃傷

條紋 有：在柱面上與延伸方向呈直角

顏色 粉紅、肉紅色：位於紅色範圍，偏往白色

條痕顏色 白色

■ 聚集狀態

纖維狀、針狀結晶的放射狀或塊狀集合。為尖端較細的板柱狀結晶。

■ 主要產狀與共生礦物

熱液礦脈（石英、菱錳礦、方解石、錳鈣輝石、薔薇輝石等）（1-2），變質錳礦床（石英、薔薇輝石、腎矽錳礦等）（3-2）。

■ 其他

特徵為粉紅色的纖維狀集合體。產自熱液金銀礦脈時沒有其他相似礦物，所以易於識別。不過在變質錳礦床中，它有時候會被誤認成纖維狀薔薇輝石、鈣薔薇輝石或針錳鈉石（sérandite，$NaMn_2^{2+}Si_3O_8(OH)$）。鈣薔薇輝石和針錳鈉石的硬度都比紅矽鈣錳礦還低，所以可用硬度來驗證；然而其與薔薇輝石的物理性質相似，導致肉眼難以識別。

■ 紅矽鈣錳礦

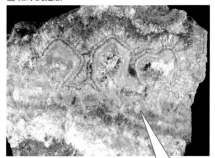

左右長度：約75mm
產地：靜岡縣下田市 河津礦山

產自金銀礦脈的紅矽鈣錳礦的環形集合體。

■ 紅矽鈣錳礦

左右長度：約20mm
產地：靜岡縣伊豆市 湯之島礦山

在金銀礦脈的空隙中，有時可看見板狀柱狀自形結晶。結晶尖端細薄如扁鑿。

滑石 *Talc*

■ 化學式：Mg$_3$Si$_4$O$_{10}$(OH)$_2$
■ 晶　系：單斜、三斜晶系
■ 比　重：2.8

鑑定要素

解理　單一方向

光澤　珍珠：細小結晶的細緻塊狀表面則為樹脂

硬度　1：莫氏硬度的標準

顏色　無色、白、淺綠色等：白色，偏向略帶綠色的範圍

條痕顏色　白色

磁性　FM：無反應　RM：無反應

晶面　六角形等平面

條紋　無

■ 聚集狀態

鱗片狀到葉狀結晶的塊狀集合，罕見六角板狀的晶形。

■ 主要產狀與共生礦物

熱液礦脈（石英、白雲母、碲鉍礦等）（1-1），變質岩（石英、綠泥石、陽起石、蛇紋石、白雲石、方解石等）（3-1、3-2）。

■ 其他

我們知道三斜晶系（talc-1*A*）和單斜晶系（talc-2*M*的同質異型），不過它們當然不可能透過肉眼來鑑定。變質岩中的大型晶體有時是彎曲的。雖然可能會感覺其硬度最軟，很容易鑑定，但其實細緻塊狀的滑石跟葉蠟石（pyrophyllite，Al$_2$Si$_4$O$_{10}$(OH)$_2$）之間的區分很困難。雙方在化學上有3Mg^{2+}⇔2Al^{3+}的替代關係，晶體結構也相當雷同。葉蠟石主要產於熱液換質岩（變成凍石礦床），且伴生富鋁礦物（水鋁石、剛玉、紅柱石等）。

■ 滑石

在變質岩的熱液礦脈空隙中發現的細小自形結晶。

左右長度：約15mm
產地：長野縣茅野市
　　　金雞礦山

左右長度：約35mm
產地：茨城縣常陸太田市
　　　長谷礦山

■ 滑石

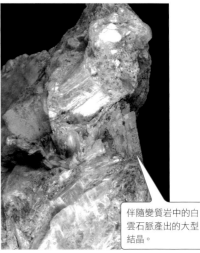

伴隨變質岩中的白雲石脈產出的大型結晶。

白雲母 *Muscovite*

化學式：KAl$_2$(Si$_3$Al)O$_{10}$(OH)$_2$
- 晶 系：單斜晶系
- 比 重：2.8

鑑定要素

解理 單一方向

光澤 玻璃：解理面為珍珠，細小粉狀晶體則是絲絹

硬度 2½（與解理方向平行）～3½（與解理方向垂直）。3（解理面上）

顏色 無色、白、灰、淺黃、淺綠、淺粉色等：白色，偏向一點點紅～綠色的範圍

條痕顏色 白色

磁性 FM：無反應　RM：無反應

晶面 菱形、六角形等平面

條紋 無：解理造成的紋路看起來很像條紋

■ 聚集狀態

鱗片狀～葉狀結晶的塊狀集合，六角板狀～短柱狀的晶形。

■ 主要產狀與共生礦物

火成岩（尤其花崗岩）（石英、鉀長石、鈉長石、黑雲母等）（1-1），偉晶岩（石英、鉀長石、鈉長石、黑電氣石、鐵鋁榴石等）（1-2），熱液礦脈與熱液換質岩（尤其作為絹雲母）（石英、高嶺石等）（1-3），變質岩（石英、鈉長石、綠簾石、紅簾石、綠泥石、剛玉等）（3-1、3-2）。

■ 其他

已知其有各種同質異型，不過這些當然不可能以肉眼來鑑定。大型晶體產自花崗偉晶岩。細小鱗片狀結晶的集合體叫**絹雲母**（sericite）。含有鉻而變成綠色的結晶稱作**鉻雲母**（fuchsite），其由變質岩或貫穿變質岩的熱液礦脈中產出。少量增加 Si（四面體層中的 Al 減少），八面體層中的 Al 被少量的 Mg 或 Fe^{2+} 取代，這種名叫**白雲母**（phengite），常見於變質岩中。

第Ⅲ章 ◆ 礦物圖鑑

■ 白雲母

左右長度：約55mm
產地：福島縣郡山市愛宕山

花崗偉晶岩裡的結晶，伴有鈉長石和石英，外形呈箭羽型雙晶。

■ 白雲母（含鉻）

左右長度：約40mm
產地：兵庫縣南淡路市沼島

在三波川變質帶的結晶片岩中，綠色的白雲母伴隨滑石、陽起石等礦物生成。

金雲母-鐵雲母

Phlogopite - Annite

- 化學式：$K(Mg,Fe^{2+})_3(Si_3Al)O_{10}(OH,F)_2$
- 晶　系：單斜晶系
- 比　重：2.8～3.4

鑑定要素

解理	單一方向	**磁性**	FM：無反應
			RM：無反應（幾乎不含鐵的結晶）～
光澤	玻璃：解理面為珍珠		反應弱（鐵含量高的結晶）
硬度	2～3：含鐵多的比較硬	**晶面**	菱形、六角形等平面
顏色	淺黃棕、深棕、棕黑、綠黑色等：	**條紋**	無：解理造成的紋路看起來很像條紋
	位於橘～綠色範圍，偏向白與黑色		

條痕顏色 白色～淺棕色（鐵含量高的結晶，即所謂的黑雲母）

■ 聚集狀態

鱗片狀～葉狀結晶的塊狀集合，六角板狀～柱狀的晶形。

■ 主要產狀與共生礦物

火成岩（金雲母是超鎂鐵岩～中性岩，鐵雲母則是長英質岩）（鎂橄欖石、普通輝石、石英、鉀長石、鈉長石等）（1-1），花崗偉晶岩（石英、鉀長石、鈉長石、黑電氣石、鐵鋁榴石等）（1-2），變質岩（石英、鉀長石、普通角閃石、方解石、白雲石、尖晶石等）（3-1、3-2）。

■ 其他

已知其有各種同質異型，不過這些當然不可能以肉眼來鑑定。黑雲母（biotite）是一種化學結構範圍較廣的雲母（有時 Al 和 Fe^{3+} 可能稍微高一點），主要介於金雲母（$Mg > Fe^{2+}$）和鐵雲母（$Mg < Fe^{2+}$）之間。雖然這不是官方正式種名，不過為了方便起見，經常作為欄名使用。一旦稍微分解，K 就會流失，水分子大量進入。這種情況會使其變成水黑雲母（hydrobiotite，

$K(Mg,Fe^{2+})_6(Si,Al)_8O_{20}(OH)_4 \cdot nH_2O$）。在這種雲母中，有一種俗稱蛭石的物質只要一加熱，夾層便會膨脹。一般來說，顏色較淺的是金雲母，而趨近黑色的則是鐵雲母。有時，在水邊閃閃發亮的「黑雲母」還會被誤認成砂金。

■ 金雲母

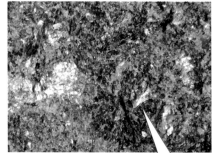

左右長度：約45mm
產地：岐阜縣揖斐川町
　　　春日礦山

產於鎂質矽卡岩的金雲母。反射光看起來就像金子一樣。

■ 黑雲母

左右長度：約35mm
產地：北海道浦河町乳吞川

一種叫「煌斑岩」的岩脈中含有鐵雲母的六角柱狀結晶。

■ 水邊閃耀的黑雲母

左右長度：約150mm
產地：岩手縣遠野市猿石川

因花崗岩風化而流走的黑雲母堆積在河裡，在水邊閃閃發光。

■ 蛭石

左右長度：約10mm
產地：南非

加熱後夾層膨脹的蛭石。

■ 金雲母

左右長度：約35mm
產地：馬達加斯加

石灰質片麻岩中的分離結晶。雖然實際上是柱狀結晶，但其因解理而裂開，所以看起來像板狀。

■ 水黑雲母（蛭石）

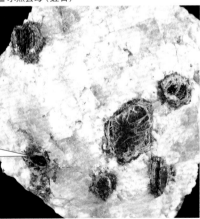

風化花崗岩內含的黑雲母。事實上，它已經蝕變成水黑雲母（即所謂蛭石）。

左右長度：約50mm
產地：岩手縣岩泉町乙茂上

鋰雲母 (多矽鋰雲母 / 鋰白雲母)

Polylithionite - Trilithionite

- 化學式：$KLi_2AlSi_4O_{10}(F,OH)_2$ -
  $KLi_{1.5}Al_{1.5}(Si_3Al)O_{10}(F,OH)_2$
- 晶　系：單斜晶系
- 比　重：2.8～2.9

鑑定要素

解理	單一方向	**磁性**	FM：無反應　RM：無反應
光澤	玻璃：解理面為珍珠	**晶面**	菱形、六角形等平面
硬度	$2\frac{1}{2}$～$3\frac{1}{2}$	**條紋**	無：解理造成的紋路看起來很像條紋

顏色　無色、白、灰、淺黃、粉紅、紅紫色等：位於黃～紅色、紫色的範圍，偏向白色

條痕顏色　白色

■ 聚集狀態

鱗片～葉片狀結晶的塊狀、球狀、葡萄狀集合，晶形呈六角板狀。

■ 主要產狀與共生礦物

偉晶岩（尤其鋰偉晶岩）（石英、鈉長石、鈉鋰電氣石、綠柱石、鋰輝石、微晶石等）（1-2）。

■ 其他

其他還有一些和名別稱為人所用，像是從顏色取作紅雲母，或是從鱗狀外形取作**鱗雲母**。正式種名鋰雲母（lepidolite）現在已然消失，變成多矽鋰雲母與鋰白雲母任選其一，不過為便利起見，也會作為欄名使用。**錳鋰雲母**（masutomilite，$KLi(Mn^{2+},Fe^{2+})Al(Si_3Al)O_{10}(F,OH)_2$）也產自偉晶岩中，雖然不是鱗片狀，但顏色很相似，只是沒有伴生像鈉鋰電氣石這種鋰礦群。

■ 鋰雲母

左右長度：約50mm
產地：茨城縣常陸太田市
　　　妙見山

主要與石英、鈉長石一起分散在偉晶岩中的鱗片狀結晶。

■ 鋰雲母

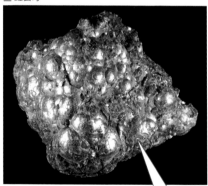

左右長度：約120mm
產地：馬達加斯加

產於偉晶岩中，名符其實呈典型聚集狀態的鱗雲母。

斜鎂綠泥石 鯡綠泥石（綠泥石）

Clinochlore - Chamosite(Chlorite)

■ 化學式：
(Mg,Fe)$_5$Al(Si$_3$Al)O$_{10}$(OH)$_8$
■ 晶　系：單斜晶系
■ 比　重：2.3～3.3

鑑定要素

解理　單一方向

光澤　脂肪～玻璃、土狀，解理面為珍珠

硬度　2～3

顏色　白、淺綠、深綠、綠黑、紅紫色等：位於綠色範圍，偏向白及黑色。含鉻結晶則屬於紅紫色範圍

條痕顏色　帶綠白色（缺鐵）～淺灰綠色（富鐵）

磁性　FM：無反應
RM：無反應（幾乎不含鐵的結晶）～反應明顯（鐵含量高的結晶）

晶面　雖然觀察不到非常稀有的晶面，但有六角形（近似三角形的也算）、矩形等平面

條紋　無：柱面上解理造成的紋路看起來很像條紋

斜鎂綠泥石　　　　　　　　　鯡綠泥石

■ 聚集狀態

土狀、鱗片狀、葉狀結晶的塊狀集合，罕見六角板狀～短柱狀的晶形。

■ 主要產狀與共生礦物

熱液礦脈與熱液換質岩（石英、白雲母、高嶺石礦物、黃銅礦、黃鐵礦等）（1-3），變質岩與綠岩（鈉長石、石英、綠簾石、方解石、蛇紋石等）（3-1、3-2、3-3）。

■ 其他

一般稱為綠泥石（**Chlorite**），因為很容易由鎂鐵礦物蝕變等因素生成，因此在所有輕微蝕變的火成岩中均含有其細微物質。湊在一起可觀察到的就是上述產狀中的內容。主要分成斜鎂綠泥石（Mg>Fe^{2+}）與鯡綠泥石（Mg<Fe^{2+}）兩個系列，不過也有其他以錳、鎳、鋅、鋰等元素為主成分的同類。斜鎂綠泥石裡鋁（八面體層）的一部分替換成鉻，綠泥石的形象就會煥然一新，呈現紅紫（菫）系的色彩。因此有時也會以「**菫泥石**」這個變種和名來稱呼，此種礦物會伴隨蛇紋岩中的鉻鐵礦 - 鎂鉻鐵礦產出。

■ 斜鎂綠泥石

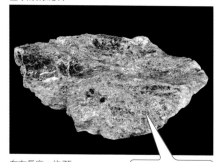

左右長度：約75mm
產地：群馬縣下仁田町茂垣

占據綠泥石片岩大部分的斜鎂綠泥石。微粗顆粒的部分有類似雲母的外觀。

■ 鯵綠泥石

左右長度：約55mm
產地：秋田縣大仙市
　　　荒川礦山

伴有熱液礦脈中的石英、黃銅礦，鯵綠泥石的葉狀結晶呈放射狀聚集，形成葡萄狀的礦塊。

■ 菫泥石

左右長度：約30mm
產地：土耳其，柯普鉻礦山
　　　（Kop Krom mine）

鮮豔紅紫色的含鉻斜鎂綠泥石（菫泥石）結晶集合體，其與綠泥石的形象大相逕庭。

■ 斜鎂綠泥石

左右長度：約55mm
產地：長崎縣西海市
　　　鳥加鄉

綠泥石片岩晶粒較大的部分，顏色差異據說是由於鐵等微量成分的影響。

葡萄石 *Prehnite*

■ 化學式：$Ca_2Al(Si_3Al)O_{10}(OH)_2$
■ 晶　系：直方、單斜晶系
■ 比　重：2.9

鑑定要素

解理	單一方向	**磁性**	FM：無反應　RM：無反應
光澤	玻璃，解理面為珍珠	**晶面**	罕見細長八角形、矩形等平面
硬度	$6 \sim 6\frac{1}{2}$：可被石英劃傷	**條紋**	無
顏色	無色、白、淺綠色等：以白色範圍為中心，微偏綠色		
條痕顏色	白色		

■ 聚集狀態

主要由葉狀、板狀結晶聚集成團，形成球狀、葡萄狀的集合體。接近長方體的板柱狀晶形很罕見。

■ 主要產狀與共生礦物

火成岩＋熱液蝕變（輝長岩、玄武岩、閃長岩、安山岩、鈉長岩等）（綠簾石、石英、方解石、鈉長石、菱沸石等）（1-1、1-3）、變質岩與綠岩（鈣鋁榴石、斜黝簾石、綠纖石、綠泥石、濁沸石等）（3-1、3-2、3-3）。

■ 其他

砂質岩成因的低度變質岩富含鎂鐵質火山岩物質，這種變質岩裡廣含葡萄石與綠纖石，所以又叫作「葡萄石 - 綠纖石相」的變質岩。綠色的原因據說是取代鋁（八面體層）的鐵。已知其中有形成 $Fe^{3+} > Al$ 的礦物。理論上，如果四面體層中的矽和鋁不規律進入，就會形成直方晶系（無序型）；要是矽和鋁有規律地進入時，則形成單斜晶系（有序型）。但是，根據結晶的生長方位不同，兩者也有可能混合共存，變形後出現彎曲，並有組成球狀集合體的趨勢。無色透明的不定形礦塊很難施以肉眼鑑定。這種礦石比魚眼石更硬，解理的完全度較低。

■ 葡萄石

玄武質熔岩和火山碎屑岩經過弱變質所形成的葡萄石。內含微量的鐵，呈淺綠色。晶洞壁面上伴有著細微的綠纖石。

左右長度：約60mm
產地：山梨縣身延町岩欠

■ 葡萄石

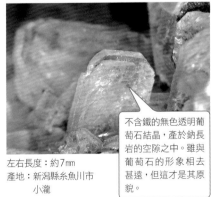

不含鐵的無色透明葡萄石結晶，產於鈉長岩的空隙之中。雖與葡萄石的形象相去甚遠，但這才是其原貌。

左右長度：約7mm
產地：新潟縣糸魚川市小瀧

魚眼石 *Apophyllite*

化學式：$KCa_4Si_8O_{20}(F,OH)\cdot 8H_2O$
晶　系：正方晶系
比　重：2.4

鑑定要素

解理	單一方向
光澤	玻璃：解理面為珍珠
硬度	$4\frac{1}{2}\sim 5$：可被工具鋼劃傷

磁性	FM：無反應　RM：無反應
晶面	菱形、正方形～矩形、細長六角形、三角形等平面
條紋	無

顏色	無色、白、淺綠、淺黃、淺藍、淺粉色等：以白色為中心，再稍微偏向各色域
條痕顏色	白色

■ 聚集狀態

塊狀集合體，晶形有前端尖銳的正方雙錐柱狀～近似細長八面體的形狀，尖端扁平且錐面為小型正方柱狀～厚板狀、近似立方體等等。

■ 主要產狀與共生礦物

火成岩＋熱液蝕變（輝長岩、玄武岩、閃長岩、安山岩等）（石英、方解石、矽硼鈣石、方沸石、鈉沸石、輝沸石、片沸石等）（1-1、1-3）、矽卡岩（方解石、鈣鐵輝石等）（3-2）。

■ 其他

F＞OH的稱為**氟魚眼石**（fluorapophyllite-(K)），F＜OH的則叫**氫氧魚眼石**（hydroxylapophyllite-(K)），兩者無法透過肉眼辨別。而且雙方皆在一個晶體中混合的情況並不少見。此外，已知還有用鈉替代鉀的**鈉魚眼石**（fluorapophyllite-(Na)）（原產地為岡山縣高梁市山寶礦山）。解理顯著，且解理面散發出明顯的珍珠光澤。晶洞裡那些填滿沸石類晶體空隙的塊狀物質很難用肉眼鑑定。

■ 魚眼石

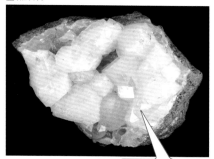

左右長度：約120mm
產地：愛媛縣久萬高原町槙野川

產於安山岩的空隙的無色透明～白色的魚眼石晶群。在其與母岩的交界處可看到淺粉色矽硼鈣石的葡萄狀集合體。

■ 魚眼石

晶體長度：約10mm
產地：印度，馬哈拉什特拉邦，浦納

在德干高原的玄武岩空隙中連同沸石等礦物一起產出的魚眼石。這一塊是近似立方體的晶形，稜線則是三角形平面截斷所致。外觀看起來簡直就是螢石。呈現綠～藍色的其中一個原因應該是含有釩的關係。

石英 *Quartz*

化學式：SiO$_2$
- 晶　系：三方晶系
- 比　重：2.7

鑑定要素

解理　無：貝殼狀或鋸齒狀破裂面

光澤　玻璃

硬度　7：莫氏硬度的標準

顏色　無色、白、黃、煙、黑、粉紅、紫色等：以白色為基礎，偏綠色範圍但不包括靛藍色。亦朝黑色方向延伸

條痕顏色　白色

磁性　FM：無反應　RM：無反應

晶面　三角形、矩形、梯形、菱形、八角形等平面

條紋　有：在柱面上與c軸軸向正交

■ 聚集狀態

粒狀、塊狀、六角柱狀，或近似三角柱的六角柱狀的晶形。前端由3個兩種錐面交錯相鄰，組成6個錐面。幾乎沒有前端扁平的晶面（c{0001}）。有巴西律、日本律等各式各樣的雙晶。

■ 主要產狀與共生礦物

火成岩（長英質為主）（鉀長石、鈉長石、黑雲母、白雲母、磁鐵礦、鈦鐵礦等）(1-1)。偉晶岩（鉀長石、鈉長石、黑雲母、白雲母、金紅石、黃玉、黑電氣石、鐵鋁榴石、綠柱石等）(1-2)，熱液礦脈（方解石、黃銅礦、黃鐵礦、閃鋅礦、方鉛礦等）(1-3)，沉積岩（燧石為主、正石英岩）(2-1)，區域變質岩（鉀長石、黑雲母、白雲母、鐵鋁榴石、綠簾石、紅簾石、綠泥石等）(3-1)，矽卡岩（方解石、白雲石、鈣鐵榴石-鈣鋁榴石、綠簾石、符山石、鐵斧石-錳斧石、黑電氣石、磁鐵礦、赤鐵礦等）(3-2)。

■ 其他

雖不作為超鎂鐵質～中性火成岩、缺乏矽酸的源岩所形成的變質岩原生礦物存在，但幾乎存在於其他所有岩石中。有晶形的話就很容易鑑定，但如果是塊狀，則要檢驗硬度或確認其是否沒有解理。純粹的結晶無色透明，但因含有微量成分（Na、Al、Ti、Mn、Fe等）而影響外觀顏色。另外，包裹體（液體或礦粒）可能會使它失去透明度（白濁），或者帶有包裹礦物的顏色（綠色系石英〈水晶〉的大部分）的狀況。根據顏色、晶體大小、聚集狀態等因素而有五花八門的變種名（最近也產品名也多了起來），不過從過去一直沿用到現在的名稱有：**紫水晶（amethyst）、黃水晶（citrine）、煙～黑水晶（smoky quartz）、薔薇石英（rose quartz）、玉髓（chalcedony）、瑪瑙（agate）、碧玉（jasper）**等。玉髓、瑪瑙、碧玉等由非常細的石英顆粒聚集組成礦塊（不定形、皮殼狀、鐘乳狀、球狀等）。化學成分容易滲入顆粒間，雖然能自然染色（如因鐵氧化物等物質變紅的瑪瑙），但人工染色也很容易，所以大多數土特產店的廉價「美石」就是**染色瑪瑙**。

■ 石英（水晶）

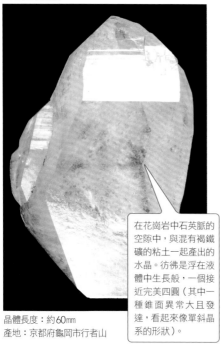

晶體長度：約60mm
產地：京都府龜岡市行者山

在花崗岩中石英脈的
空隙中，與混有褐鐵
礦的粘土一起產出的
水晶。彷彿是浮在液
體中生長般，一個接
近完美四圓（其中一
種錐面異常大且發
達，看起來像單斜晶
系的形狀）。

■ 石英（煙晶）

晶體長度：約75mm
產地：岐阜縣中津川市蛭川

於花崗偉晶岩中生
成的煙晶。據說除
微量成分外，還受
到放射線的影響而
黑化。

■ 石英（紫水晶）

晶體長度：約65mm
產地：秋田縣大仙市
　　　荒川礦山

■ 石英（日本律雙晶）

左右長度：約40mm
產地：大分縣豐後大野市
　　　豐榮礦山

日本律雙晶多為兩個
稍顯扁平的水晶所形
成的，雙方彼此的 c
軸在84°33′相交。

無論顏色深淺，紫水晶常出現
在含有金、銀、銅等的熱液礦
脈中，這些礦脈都是在相對較
低的溫度下形成的。

■ 石英（晶洞）

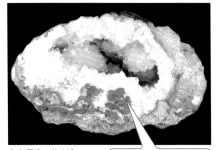

左右長度：約160mm
產地：群馬縣下仁田町
　　　相澤

火山岩裡的球粒大多是由石英構成，中心部位形成空隙後水晶群生於此。球粒的邊緣有可能是瑪瑙或玉髓。
這種東西稱為**晶洞**（geode）。

■ 石英（櫻水晶）

左右長度：約8mm
產地：大分縣豐後大野市尾平礦山

將水晶沿**c**軸垂直切開的產物。白濁的部分是巴西律雙晶（一種葉狀組織），透明部位則是名為道芬律雙晶的複雜結構。因為其外形與蝕變的菫青石（櫻花石）相似，故而發表者們（岡田等人）就把此構造命名為**櫻結構**。
因此，我們先把這種水晶稱作**櫻水晶**。

■ 石英（瑪瑙）

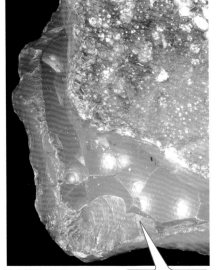

左右長度：約40mm
產地：茨城縣常陸大宮市
　　　後坪

氫氧化鐵在礫石層中滲入瑪瑙，使其呈紅褐色。

■ 石英（玫瑰）

左右長度：約35mm
產地：福島縣磐城市
　　　三和町

帶有強烈粉紅色調的石英。受到微量鈦和鋁的影響而染色。在花崗岩中形成礦脈，顏色濃淡變化劇烈，甚至有一區無色。

蛋白石 *Opal*

化學式：$SiO_2 \cdot nH_2O$
晶　系：非晶質
比　重：2.1

鑑定要素

解理　無：貝殼狀或鋸齒狀破裂面

光澤　玻璃～樹脂

硬度　5½～6½：可被石英劃傷

顏色　無色、白、黃、橘、棕、藍、綠、紅色等：以白色為基礎，朝各個色域發展。會因光線干擾而呈現彩虹色變彩

條痕顏色　白色

磁性　FM：無反應　RM：無反應

晶面　無

條紋　無

■ 聚集狀態

脈狀、塊狀、球粒狀。有的會直接取代化石。

■ 主要產狀與共生礦物

火山岩（長英質為主）（石英、方矽石等）（1-1）、偉晶岩（石英、鉀長石等）（1-2）、火山噴氣與溫泉沉澱物（針鐵礦、霰石等）（1-4），沉積岩（填滿砂岩裂縫）（2-1）。

■ 其他

由電子顯微鏡大小的矽酸組成的球體，再加少量的水分所形成。只要矽酸球大小一致且規律排列，就會因此干擾光線，並產生虹色變彩。這種東西稱為**貴蛋白石**（precious opal或noble opal）。雖然那些不會顯示變彩的蛋白石叫**普通蛋白石**（common Opal），但也有著多采多姿的色彩，被當成寶石來運用。從完全的非晶質，到低溫結構的方矽石與鱗石英混合體，再到看起來像蛋白石的玉髓，這些礦物的硬度都差不多，所以很難以肉眼辨識。

■ 蛋白石

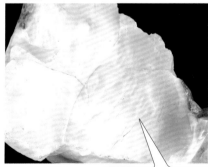

左右長度：約35mm
產地：石川縣小松市赤瀬

流紋岩內含不規則塊狀的蛋白石。在極少數情況下，有些東西會發出彩虹色的變彩。

■ 蛋白石

左右長度：約50mm
產地：福島縣西會津町寶坂

只要流紋岩中的球粒破掉，就可以看到內部的蛋白石或玉髓。罕見的情況下會出現變彩蛋白石。

■ 蛋白石（玉滴石）

球體直徑：約2.5mm
產地：富山縣立山町
　　　立山新湯

作為溫泉沉澱物沉積的球狀蛋白石（玉滴石，hyalite），外觀類似魚卵。有的無色透明，也有的半透明帶有一點顏色。

■ 蛋白石

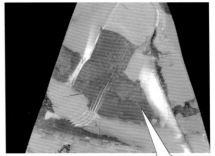

左右長度：約35mm
產地：澳洲，昆士蘭州

浸透褐鐵礦的砂岩，其裂縫被變彩蛋白石填滿，這種蛋白石自古以來便全球聞名。甚至產出以蛋白石替換貝殼或恐龍骨骼等化石的產物。

■ 蛋白石（玉滴石）

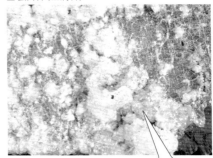

左右長度：30mm
產地：岐阜縣中津川市蛭川

在偉晶岩中的鉀長石上沉積的玉滴石。特別在短波長紫外線下，會呈現出鮮亮的綠色螢光。

■ 蛋白石（綠色螢光）

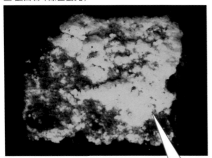

左右長度：45mm
產地：岐阜縣中津川市蛭川

玉滴石發出鮮豔的綠色螢光。

鉀長石（透長石、正長石、微斜長石）

K-feldspar (Sanidine, Orthoclase, Microcline)

■化學式：$KAlSi_3O_8$
■晶　系：單斜晶系、三斜晶系
■比　重：2.6

鑑定要素

解理　兩組方向

光澤　玻璃

硬度　6：莫氏硬度的標準

顏色　無色、白、黃、粉紅、紅棕、綠、青綠色等：以白色為基礎，偏向靛藍以外的範圍

條痕顏色　白色

磁性　FM：無反應　RM：無反應

晶面　細長五、六、七、九角形、矩形、菱形、梯形等平面

條紋　無

■ 聚集狀態

塊狀、柱狀、厚板狀，菱形的晶形。已知存在各種雙晶，常聽到的有卡爾斯伯律（往c軸軸向細長，往b軸軸向扁平）、巴維諾律（往a軸軸向的長角柱狀）、曼尼巴律（往c軸軸向的扁平厚板）。

■ 主要產狀與共生礦物

火成岩（長英質為主）（石英、鈉長石、黑雲母、白雲母、方矽石、普通角閃石等）（1-1）。偉晶岩（石英、鈉長石、黑雲母、白雲母、黃玉、黑電氣石、鐵鋁榴石等）（1-2），熱液礦脈（石英、白雲母、自然金等）（1-3），區域變質岩（石英、黑雲母、白雲母、鐵鋁榴石、普通角閃石、綠泥石、綠簾石等）（3-1），矽卡岩（方解石、鈣鐵榴石-鈣鋁榴石等）（3-2）。

■ 其他

雖不作為超鎂鐵質～中性火成岩、缺乏矽酸的源岩所形成的變質岩原生礦物存在，但其他所有岩石幾乎都有產出。透長石（玻璃長石）整顆完全皆為單斜晶系，主要產自流紋岩和花崗斑岩中。微斜長石有三種從高到低的斜度，外觀雷同單斜晶系的晶體稱為**正長石**。綠～藍色的微斜長石叫作**天河石**（amazonite），菱形六面體的正長石則是**冰長石**（adularia），這些都是經常用到的變種名。有晶形的話就很容易鑒定了，但塊狀的類型得先行檢驗硬度，並確認是否有兩組完全解理。純粹的無色透明，但花崗岩、片麻岩等處的鉀長石含有少量的鐵，所以有時候會呈現粉紅～紅色。並存的鈉長石多為白色，因此可藉此分辨。此外，有時可在大型鉀長石的晶面和解理面上觀察到模糊的波浪條紋，但這個部分其實是斜長石（幾乎都是鈉長石）。這種名叫**條紋長石**（斜長石較多時，則稱**反條紋長石**）。這種結構主要源於鉀和鈉雖在高溫下共存，但在冷卻後卻分離成不同的礦物所致。

■ 鉀長石（透長石）

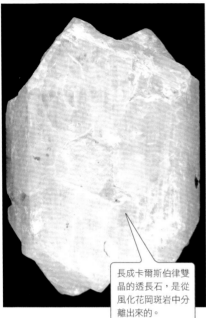

長成卡爾斯伯律雙晶的透長石，是從風化花岡斑岩中分離出來的。

■ 鉀長石（冰長石）

左右長度：約45mm
產地：奧地利，薩爾茲堡

阿爾卑斯式脈的空隙中產出的冰長石。阿爾卑斯式脈是伴隨區域變質岩而生的熱液礦脈，伴生有銳鈦礦、榍石、斧石、葡萄石等結晶。

晶體長度：約20mm
產地：和歌山縣太地町太地

■ 鉀長石（微斜長石）

左側晶體長度：約50mm
產地：岐阜縣中津川市蛭川

形成巴維諾雙晶的鉀長石，常見於花崗偉晶岩的空隙中。透過晶面面角的測量，確定其為三種斜度明顯的微斜長石。

■ 鉀長石（天河石）

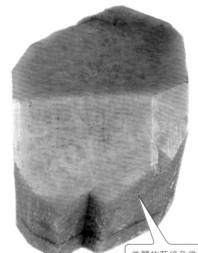

晶體長度：約40mm
產地：美國，科羅拉多州

美麗的藍綠色微斜長石，產自花崗偉晶岩。

斜長石（鈉長石-鈣長石）
Plagioclase (Albite-Anorthite)

■ 化學式：
NaAlSi$_3$O$_8$ - CaAl$_2$Si$_2$O$_8$
■ 晶　系：三斜晶系
■ 比　重：2.6～2.8

鑑定要素

解理	兩組方向
光澤	玻璃
硬度	6～6½：可被石英劃傷
顏色	無色、白、黃、藍、紅色等：以白色為基礎，偏往靛藍以外的範圍
條痕顏色	白色

磁性	FM：無反應　RM：無反應
晶面	五、六、七、九角形、矩形、菱形、三角形等平面
條紋	無

■ 聚集狀態

塊狀、葉狀的集合，柱狀、厚板狀的晶形。除了鈉長石律（在雙晶面面上重複 {010}）以外，還有卡爾斯伯律、巴維諾律、曼尼巴律、肖鈉長石律（在 **b** 軸上旋轉 180°，往軸向呈扁平厚板狀）都很有名。

■ 主要產狀與共生礦物

火成岩（石英、鉀長石、黑雲母、白雲母、普通角閃石、普通輝石、鎂橄欖石等）（1-1），偉晶岩（石英、鉀長石、黑雲母、白雲母、黃玉、黑電氣石、鐵鋁榴石等）（1-2）、區域變質岩（石英、白雲母、陽起石、綠泥石、綠簾石等）（3-1）。

■ 鈉長石

左右長度：約 30mm
產地：埼玉縣越生町小杉

在結晶片岩空隙中與綠簾石共存的鈉長石。幾乎不含 Ca。

■ 其他

過去細分鈣長石時，若以 Ab 表示斜長石，用 An 表示鈣長石成分時，分別為：鈉長石（Ab$_{100\text{-}90}$ An$_{0\text{-}10}$）、鈣鈉長石（Ab$_{90\text{-}70}$ An$_{10\text{-}30}$）、中長石（中鈉長石）（Ab$_{70\text{-}50}$An$_{30\text{-}50}$）、拉長石（中鈣長石）（Ab$_{50\text{-}30}$An$_{50\text{-}70}$）、倍長石（富鈣長石）（Ab$_{30\text{-}10}$An$_{70\text{-}90}$）、鈣長石（Ab$_{10\text{-}0}$An$_{90\text{-}100}$）；在現在的分類中，鈣鈉長石、中長石跟鈉長石都屬於鈉長石，拉長石與倍長石則是歸為鈣長石。從長英質到中性火成岩是鈉長石占優勢，從中性岩到超鎂鐵質火成岩則是鈣長石占優勢。在中低變質岩和綠岩中鈉長石含量豐富，高變質岩中則是鈣長石更多。鈉長岩是一種幾乎均由鈉長石構成的特殊正長岩質岩石，可能含有石英、白雲母和鎂鈉閃石（Magnesio-riebeckite）。在日本發現的大部分鈉長岩都與輝玉岩相伴有關。其與**鉀長石**在晶體形態和產狀上有一定程度的差別，但肉眼很難與幾乎白色的鉀長石區分開來。

■ 鈉長石

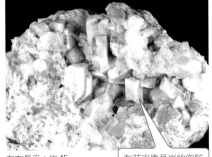

左右長度：約45mm
產地：宮崎縣延岡市
　　　上祝子

在花崗偉晶岩的空隙中發現的鈉長石晶群。

■ 鈉長石

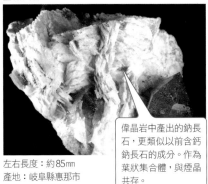

左右長度：約85mm
產地：岐阜縣惠那市
　　　毛呂窪

偉晶岩中產出的鈉長石，更類似以前含鈣鈉長石的成分。作為葉狀集合體，與煙晶共存。

■ 鈣長石（拉長石）

左右長度：約60mm
產地：芬蘭，拉盆蘭塔

含有大量Na的鈣長石，在光線干涉下會發出彩虹色的光芒。這種光輝被稱為**鈉石光彩**。

■ 鈣長石

內側晶體長度：約40mm
產地：北海道白老町俱多樂外輪山破火山口

在鎂鐵質岩漿中形成的鈣長石結晶。於火山噴發時釋放出來，並在火山碎屑中發現。

■ 鈣長石

晶體左右長度：約40mm
產地：東京都八丈町石積鼻

火山噴出的鈣長石巨晶，內部含有自然銅，所以看起來像被染成紅色。

方柱石（鈉柱石-鈣柱石）

Scapolite（Marialite-Meionite）

- 化學式：$Na_4Al_3Si_9O_{24}Cl$-$Ca_4Al_6Si_6O_{24}(CO_3)$
- 晶　系：正方晶系
- 比　重：2.5～2.8

鑑定要素

解理	四組方向

光澤	玻璃

硬度	5½～6：可被工具鋼劃傷

顏色	無色、白、黃、橘、粉紅、紫色等：以白色為基礎，偏向綠～靛藍以外的範圍

條痕顏色	白色

磁性	FM：無反應　RM：無反應

晶面	矩形、細長六角形、近似三角形的六角形等平面

條紋	無：但是在細長柱狀結晶的集合體上，與c軸平行的邊看起來會很像條紋

■ 聚集狀態

塊狀、有緩坡錐面的四角柱狀（連小型柱面也算在內的話是十二角）的晶形等等。

■ 主要產狀與共生礦物

區域變質岩（方解石、磷灰石、鋯石、普通輝石、普通角閃石、金雲母等）（3-1），矽卡岩（方解石、鈣鐵輝石岩等）（3-2）。

■ 其他

方柱石分成3鈉長石＋NaCl、3鈉長石＋$CaCO_3$的兩種連續關係，跟斜長石一樣，它們彼此之間的邊界是成分的50%。另外還有3鈣長石＋$CaSO_4$的硫鈣柱石（silvialite），不過尚未在日本發現這種礦物。在能看到晶形的結晶上，其與c軸垂直的截面為是正方形（邊角有可能會被小型柱面切割），因此很容易與長石區分開來。而細小、無定形的晶體就無法透過肉眼辨別了。雖有一些以前就在用的名稱（鈣鈉柱石、dipyre、mizzonit），但現在都並未用在種名上。在長波長紫外線照射下，有些柱石會發出明顯的黃色螢光，這種我們有時會以**鈣鈉柱石**之名稱之。

■ 方柱石（鈉柱石）

左右長約40mm
產地：長野縣
　　　川上村川端下

在以鈣鐵輝石為主的矽卡岩中，發現透明至半透明的鈉柱石晶群。

■ 方柱石（鈉柱石）

晶體長度：約25mm
產地：阿富汗，巴達赫尚

一個鈉柱石結晶，擁有傾斜平緩的紫色錐面。

方沸石 *Analcime*

化學式：NaAlSi$_2$O$_6$·H$_2$O
- 晶　系：立方晶系、正方晶系等
- 比　重：2.3

鑑定要素

解理 無：類似貝殼狀的破裂面	**磁性** FM：無反應　RM：無反應
光澤 玻璃	**晶面** 變形四角形、正方形等平面
硬度 5～5½：可被工具鋼劃傷	**條紋** 無

顏色 無色、白、淺黃、淺綠、淺藍、淺粉色等：以白色為基礎，稍微偏向除了藍～紫以外的範圍

條痕顏色 白色

■ 聚集狀態

粒狀、塊狀、偏菱二十四面體的晶形（類似石榴石），少有近似立方體的晶形等。

■ 主要產狀與共生礦物

火成岩（超鎂鐵岩～鎂鐵質岩）（礦脈或空隙）（方解石、鈉沸石、魚眼石等）（1-1），正長偉晶岩（霞石、霓石、針錳鈉石等）（1-2），沉積岩（低溫水的沉澱、火山玻璃的結晶化、化石的置換等）（2-1）。

■ 其他

在晶形清晰明確時，是一種非常容易辨認的沸石。Na被Ca取代的**斜鈣沸石**（wairakite，CaAl$_2$Si$_4$O$_{12}$·2H$_2$O）與方沸石雷同，肉眼上難以區分；但如果其與Ca為主成分的沸石（如濁沸石）共存，就有可能不是方沸石，而是斜鈣沸石。

第Ⅲ章　◆　礦物圖鑑

■ 方沸石

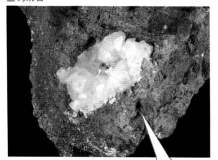

左右長度：約45mm
產地：新潟縣新潟市
間瀨

自玄武岩空隙中生成的方沸石晶群。此圖未伴生其他沸石。這個產區的方沸石，有時伴有淺綠色魚眼石或針狀鈉沸石產出。

■ 方沸石

左右長度：約55mm
產地：群馬縣富岡市
南蛇井

大小不一的方沸石群晶，在含有新第三紀化石的砂岩裂縫中形成。

菱沸石 *Chabazite*

化學式：$(Ca,Na_2,K_2)_2Al_4Si_8O_{24}\cdot 10\text{-}13H_2O$
晶　系：三方晶系
比　重：$2.0\sim2.2$

鑑定要素

解理　無：類似貝殼狀的破裂面

光澤　玻璃

硬度　4～5：可被不鏽鋼鋼釘劃傷

顏色　無色、白、黃、棕、橘、粉紅、紅、淺綠色等：以白色為基礎，稍微偏向扣除藍～紫色以外的範圍

條痕顏色　白色

磁性　FM：無反應　RM：無反應

晶面　菱形、細長五角形、三角形（雙晶生成時）等平面

條紋　無

■ 聚集狀態

粒狀、塊狀，近似立方體的菱形六面體晶形等。穿插雙晶的算盤子形（形似六角雙錐）（有變體名扁菱沸石（phacolite）），有時會與六方晶系的鈉菱沸石（gmelinite，$(Ca,Na_2,K_2)_2$ $Al_4Si_8O_{24}\cdot 11H_2O$）平行連晶後形成六角厚板狀。

■ 主要產狀與共生礦物

火成岩（鎂鐵質～中性岩）（礦脈或空隙）（方解石、石英、葡萄石、桿沸石、輝沸石、濁沸石、絲光沸石等）（1-1），偉晶岩（鉀長石、鈉長石、石英、白雲母等）（1-2），低溫水沉澱物（湖水沉積物）（2-2），變質岩（礦脈或空隙）（鉀長石、綠簾石等）（3-1、3-2）。

■ 其他

在明顯是菱形或算盤子形的晶形時，這是一種非常容易判斷的沸石。其他相似礦物有方解石和冰長石，但菱沸石比它們都更近似立方體。沸石的化學組成公式中，最先列出的 Na、K、Mg、Ca、Sr、Ba 等都是可以自由替換的元素，這些元素稱為**可交換性陽離子**。人們根據這些種類中哪個最多來細分種名。在菱沸石的情況下，分成五種類型：Na、K、Mg、Ca 和 Sr。比如說，如果 Ca > Na、K、Mg、Sr，就是 chabazite-Ca（鈣菱沸石）。日本目前產出的是鈣菱沸石和鈉菱沸石（chabazite-Na）這兩種。雖然在形態上是三方晶系，不過對稱性可能會因 Si 和 Al 的配置不同而降到三斜晶系。

■ 菱沸石

左右長度：約55mm
產地：福島縣飯館村
　　　寢刃林道

玄武岩質火山岩的
空隙中所產的菱沸
石群晶，伴有桿沸
石等礦物。

■ 菱沸石

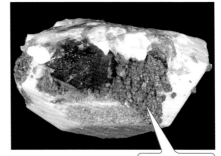

左右長度：約50mm
產地：岐阜縣中津川市蛭川

在偉晶岩中的煙
晶、鉀長石、鈉
長石等礦物上等
附著的菱沸石。

■ 菱沸石（雙晶）

左右長度：約45mm
產地：澳洲，維多利亞省

產自玄武岩質火山岩
空隙的菱沸石雙晶。
看起來就像算盤子
一樣。

■ 菱沸石

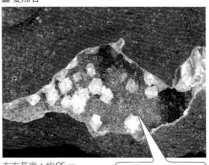

左右長度：約95mm
產地：山口縣長門市川尻岬

在玄武岩空隙中發現
的菱沸石晶群。下面
是細小的矽鉀鋁石集
合體。

■ 菱沸石

左右長度：約55mm
產地：靜岡縣清水町
　　　德倉

與葡萄石、綠簾石一起產自
蝕變後的安山岩空隙中。

輝沸石 *Stilbite*

化學式：$(Ca,Na_2)_4(Na,K)Al_9Si_{27}O_{72} \cdot 28H_2O$
- 晶　系：單斜晶系
- 比　重：2.1～2.2

鑑定要素

解理　單一方向

光澤　玻璃，解理面為珍珠

硬度　3½～4：與螢石差不多

顏色　無色、白、黃、棕、橘、粉紅、紅、淺綠、淺藍色等：以白色為基礎，稍微偏向撇除紫色以外的範圍

條痕顏色　白色

磁性　FM：無反應　RM：無反應

晶面　將棋棋子的五角形、矩形等平面

條紋　有：在{001}晶面上與 *a* 軸軸向平行

■ 聚集狀態

將棋棋子形的板柱狀結晶（朝 *b* 軸的方向較薄，向 *a* 軸軸向延伸），雙晶並呈蝴蝶領結狀。另外，板柱狀結晶會構成一個球狀集合體。

■ 主要產狀與共生礦物

火成岩（鎂鐵質～長英質）（空隙）（方解石、片沸石、菱沸石、濁沸石、絲光沸石、魚眼石、石英等）（1-1），偉晶岩（鉀長石、鈉長石、石英等）（1-2），熱液礦脈（石英等）（1-3），溫泉、低溫水、海水沉澱物（2-2），變質岩（礦脈或空隙）（方解石、鉀長石、綠簾石等）（3-1、3-2）。

■ 其他

基本上，在晶形或獨特的集合體形態明顯的情況下是一種易於辨認的沸石，不過相似且無法以肉眼區分的還有**淡紅沸石**（stellerite，$Ca_4Al_8Si_{28}O_{72} \cdot 28H_2O$，直方晶系）和**鈉紅沸石**（barrerite，$Na_8Al_8Si_{28}O_{72} \cdot 26H_2O$，直方晶系）。另外已知還有兩種類型亦是如此：**鈣輝沸石**（$Ca_4(Na,K)Al_9Si_{27}O_{72} \cdot 28H_2O$）和**鈉輝沸石**（$Na_9Al_9Si_{27}O_{72} \cdot 28H_2O$）。

■ 輝沸石

中心晶體長度：約15mm
產地：愛媛縣久萬高原町槇野川

產自安山岩空隙的輝沸石晶，其生長在片沸石上。

■ 輝沸石

中央的結晶集合體長度：約30mm
產地：栃木縣日光市御澤

獨特領結形狀的輝沸石，伴有濁沸石等礦物。

鈉沸石 *Natrolite*

化學式：$Na_2Al_2Si_3O_{10} \cdot 2H_2O$
晶　系：直方晶系
比　重：2.2

鑑定要素

解理 兩組方向

光澤 玻璃、絲絹

硬度 5～5½：與不銹鋼鋼釘幾乎相同

顏色 無色、白、黃、棕色、粉紅、紅、淺綠色等：以白色為基礎，稍微偏向除藍～紫色以外的範圍

條痕顏色 白色

磁性 FM：無反應　RM：無反應

晶面 矩形、三角形等平面

條紋 有：在柱面上與 c 軸平行

■ 聚集狀態

針狀結晶的放射狀集合、正方四角柱狀結晶等。

■ 主要產狀與共生礦物

火成岩（超鎂鐵岩～鎂鐵質岩、鹼性岩類）（空隙）（桿沸石、方沸石、菱沸石、方解石、石英、魚眼石等）（1-1），正長偉晶岩（霞石、中沸石、鈉鐵閃石等）（1-2），鹼性低溫水沉澱物（2-2），變質岩（蛇紋石、藍錐礦、針鈉鈣石、桿沸石、輝玉等）（3-3）。

■ 其他

如果是有金字塔形錐面這種相對簡單的正方四角柱狀結晶，就很容易辨識；但變成針狀、毛狀的外形時，中沸石（mesolite，$Na_2Ca_2\,Al_6Si_9O_{30} \cdot 8H_2O$）、桿沸石（thomsonite，$NaCa_2Al_5Si_5O_{20} \cdot 6H_2O$）、鈣沸石（scolecite，$CaAl_2Si_3O_{10} \cdot 3H_2O$）便很難予以區分。中沸石和桿沸石是些微扁平的四角柱狀，但鈣沸石卻是類似於鈉沸石的正方四角柱狀，所以很難分辨。在球狀集合體等形狀上，有時內部是鈉沸石，邊緣卻是桿沸石——也會出現這種種類不同的情況。

第III章 ◆ 礦物圖鑑

■ 鈉沸石

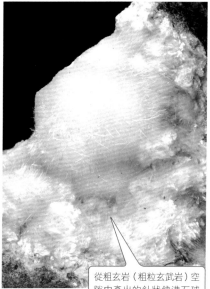

左右長度：約35mm
產地：山形縣鶴岡市
　　　五十川

從粗玄岩（粗粒玄武岩）空
隙中產出的針狀鈉沸石球
狀集合體。伴生片水矽鈣
石與方沸石。

■ 鈉沸石

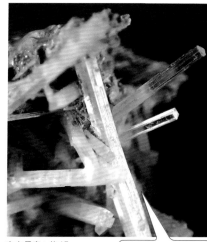

左右長度：約15mm
產地：千葉縣南房總市
　　　平久里

在玄武岩的空隙中發
現的無色透明柱狀結
晶。其由非常簡單的
晶面構成。

■ 鈉沸石

左右長度：約45mm
產地：挪威

從鈣鹼正長岩的偉晶
岩產出的鈉沸石晶
群。伴有小型的方沸
石結晶。

■ 鈉沸石

左右長度：約20mm
產地：愛知縣新城市
　　　八名井

在蝕變輝長岩的空隙中，
發現了非常明確的晶群。
晶面上看到的細小晶體是
魚眼石。

絲光沸石 *Mordenite*

化學式：$(Na_2,Ca,K_2)_4Al_8Si_{40}O_{96}\cdot28H_2O$
晶　系：直方晶系
比　重：2.1

鑑定要素

解理 兩組方向

光澤 玻璃、絲絹

硬度 4～5：與不銹鋼釘幾乎相同，但能測量硬度的晶體很少

磁性 FM：無反應　RM：無反應

晶面 細微，判斷不出的情況很多。極少情況下可見到矩形的柱面

條紋 未知：可在柱面上看到平行於c軸軸向的紋路，但也許是解理造成的

顏色 無色、白、黃、粉紅、紅色等：以白色為基礎，偏向紅～黃色範圍

條痕顏色 白色

■ 聚集狀態

絨毛狀、針狀結晶（往c軸軸向延伸，朝b軸方向變薄，向a軸軸向稍微增厚，直方長柱狀）以平行、亞平行、放射狀和棉花般的方式，不規則交織在一起的集合體。

■ 主要產狀與共生礦物

火成岩（中性岩～長英質）（空隙）（方解石、片沸石、菱沸石、濁沸石、輝沸石、石英等）（1-1），熱液礦脈與換質岩（石英等）（1-3），鹼性鹽湖沉澱物（2-2）。

■ 其他

絨毛狀的沸石包括鈉沸石、毛沸石（erionite，$(Na,K,Ca_{0.5},Mg_{0.5})_9Al_9Si_{27}O_{72}\cdot28H_2O$）以及鎂鹼沸石，（ferrierite，$(Mg_{0.5},K,Na,Ca_{0.5})_6Al_6Si_{30}O_{72}\cdot18H_2O$）等，如果晶體微小，用肉眼是分辨不出來的。毛沸石是六方柱狀結晶，而鎂鹼沸石則是比絲光沸石更薄的四角板柱狀結晶。

第Ⅲ章　◆　礦物圖鑑

■ 絲光沸石

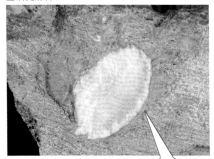

左右長度：約50mm
產地：岩手縣八幡平市赤坂田

絲光沸石生於流紋岩的空隙中，具有顯著的流狀構造。一般來說，此類空隙通常會被矽氧礦物填滿，例如蛋白石和玉髓等等。

■ 絲光沸石

左右長度：約35mm
產地：長野縣長野市保基谷岳林道

絲光沸石的集合體，其晶形大到連放大鏡都能看見。產於已經嚴重蝕變的安山岩空隙中，並伴有環沸石。

採集礦物的準備工作

　　礦物收集必須縝密慎重地準備。另外，在採集方式和標本的整理上也有好　幾個注意事項。這邊我們就省略一些細節，不過在採集時會需要以下裝備：

◯ 礦物採集的基本裝備

護目鏡
一個塑膠製的簡易
護目鏡就已足夠

帽子
在某些情況下需有安全護盔

後背包
最好輕便耐用

錘子
採集時必須有
一把專用錘子

手套
推薦皮革手套

背心
輕盈為主，口袋
多會很方便

數位相機
可說是現在的必備道具了。
有GPS功能會很方便

襯衫
為了安全起見，夏天
也建議穿長袖

**紀錄用的筆
和筆記**

地圖
希望能準備一張日本
國土地理院的地形圖

長褲
耐用又容易活動的
比較好

鞋子
防水性高且防滑的鞋子

其他有帶會更好的東西
放大鏡、鑿子、篩子、腰包、
磁鐵、塑膠袋、不要的報紙

轉載自《圖說礦物自然史》（秀和SYSTEM）正文 P.430。

第 IV 章

產狀與礦物集合的法則

1. 產狀包括哪些東西？

所有的礦物都不會單獨存在，其周遭一定存在其他的礦物或物質。經常可以見到礦物標本單單只有水晶或石榴石的狀態，這種狀態無法得知礦物周圍有什麼物質，所以肉眼鑑定的情報就變得很匱乏。

要從熔體或液體演變成礦物，其環境就必然會發生變化。最容易想到的環境變化，像是岩漿等高溫熔體或熱液的溫度或壓力降低，或是類似海水、湖水這種液體的水分蒸發等等。

理論上，在變化階段的最初、中途及最後都會出現結晶化的產物。依據起始物質的化學成分，甚至有可能從頭到尾都是一樣的礦物。

如果是在純水溶入氯化鈉的溶液，結晶化的產物就只有岩鹽一項而已。由於海水中含有各式各樣的化學成分，因此乾涸的海底除了岩鹽以外還有其他各種不同的礦物共存。此外，雖然會因岩漿組成的成分不同而有所差異，不過在岩漿冷卻時，會按橄欖石、輝石、角閃石和黑雲母的順序依序結晶。

在上述結晶作用的同時，斜長石則是先形成鈣成分較多的晶體，再結晶鈉成分較多的晶體。而石英是最後才結晶化。

表Ⅳ.1顯示產狀的概略內容。本書第Ⅲ章（礦物圖鑑）裡列出的產狀基於此表左欄內容（1-1、1-2、1-3、1-4、2-1、2-2、3-1、3-2、3-3、4）註記。

■ 1　火成作用				
1-1　火成活動	超鎂鐵岩	鎂鐵質岩	中性岩	長英質岩
1-2　偉晶岩	巨晶	稀有金屬		
1-3　熱液	礦脈	換質岩		
1-4　火山噴氣	昇華物			

■ 2　沉積作用		
2-1　沉積	沉積物	沉積岩
2-2　沉澱	沉澱物	蒸發岩

■ 3　變質作用		
3-1　區域變質岩	片麻岩	結晶片岩
3-2　接觸變質岩	角頁岩	矽卡岩
3-3　綠岩變質作用		

■ 4　氧化、風化作用		
4　大氣等因素引起的反應	次生礦物	黏土礦物

▲礦物產狀表（表Ⅳ.1）

■ 1 火成作用

1-1 火成活動

礦物在岩漿凝固的過程中形成,並組成岩石。岩石所組成的礦物,其種類和數量比會隨原先岩漿的化學結構而改變。

鎂鐵礦物(鎂鐵質礦物、有色礦物)是以鎂或鐵為主成分的橄欖石、輝石、角閃石與黑雲母,長英礦物(長英質礦物、無色礦物)則是長石、似長石和石英等富含矽、鋁、鈉、鉀的礦物,依據鎂鐵礦物與長英礦物的比例,可將火成岩分成超鎂鐵岩、鎂鐵質岩、中性岩和長英質岩四種(請參照《圖說礦物自然史》P.327)。

另外,礦物組織的差異會隨岩漿冷卻速度的不同而顯現。有慢慢冷卻後,整體由粗粒晶體構成的深成岩;以及迅速冷卻後,由粗粒結晶(斑晶)與細小結晶的集合體或呈玻質的部位(石基)所組成的火山岩兩種。擁有深成岩與火山岩中間結構的岩石則稱為**淺成岩**。

岩漿吸納地函物質後上湧,有時這些物質在熔化後會殘留下來,作為以鎂橄欖石或輝石為主體的岩屑存於火山岩中。這種形態的岩石為**捕獲岩**的一種(圖Ⅳ.1)。

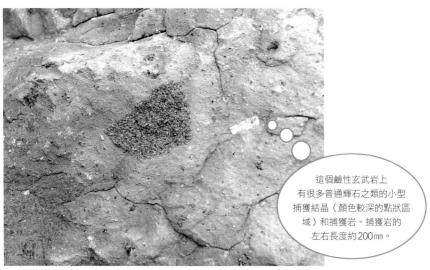

這個鹼性玄武岩上有很多普通輝石之類的小型捕獲結晶(顏色較深的點狀區域)和捕獲岩。捕獲岩的左右長度約200mm。

▲在佐賀縣唐津市高島發現的捕獲岩,其以玄武岩中的鎂橄欖石為主體(圖Ⅳ.1)

1-2　偉晶岩

在深成岩之中，其岩體裡頭的組成礦物幾乎相同，呈脈狀和塊狀，偶爾含有結晶特別粗大的部分。我們稱其為**偉晶岩**（圖Ⅳ.2）。

由於偉晶岩是在岩漿凝固末期所形成的，因此其中聚集了一般礦物組成很難含有的稀有金屬等元素，偶爾也會出現很稀有的礦物。

尤其是花崗偉晶岩，裡頭是由鋰、鈹、硼、氟、銣、釔等稀土元素（稀土族），還有鈮、鉭、銫、釷、鈾等元素為主成分的礦物所組成。

例如：鋰雲母、鈉鋰電氣石、鋰輝石、黑電氣石、綠柱石、螢石、黃玉、褐釹釔礦等等。

因此，單獨用偉晶岩這個詞時，似乎大多都是指**花崗偉晶岩**。

▲岩手縣大船渡市崎濱的花崗偉晶岩（圖Ⅳ.2）

可看到石英、鉀長石、黑雲母和電氣石等礦物。左右長度約2m。

1-3 熱液

飽含大量揮發性成分（如水、二氧化碳、硫化氫、二氧化硫等）的高溫溶液，沿著岩石裂縫湧上淺層部位。

若其中溶入產生礦物的成分，一旦溫度和氣壓降低，這些成分就會作為礦物沉澱下來。假使矽酸比例較多，就會固化成石英脈。

舉例來說，如果其中也具備鐵、銅、鋅、鉛等其他成分，就會形成黃鐵礦、黃銅礦、閃鋅礦或方鉛礦之類的礦物，並共存於石英脈中。這種礦體我們會特別以**礦脈**一詞來稱呼（圖Ⅳ.3）。

日本北海道的鴻之舞礦山、豐羽礦山、手稻礦山，秋田縣的院內礦山、尾去澤礦山，宮城縣細倉礦山、新潟縣佐渡礦山、栃木縣足尾礦山、靜岡縣河津礦山、京都府鐘打礦山和大谷礦山、兵庫縣的生野礦山與明延礦山、大分縣鯛生礦山、鹿兒島縣串木野礦山及菱刈礦山等，都是有名的礦脈型礦床。

▲福岡縣岡垣町三吉野礦山的礦脈（可看到綠色的銅次生礦物）（圖Ⅳ.3）

因為礦脈離地表較淺，所以方鉛礦分解，又形成了釩鉛礦（褐鉛礦）等礦物。

雖然熱液也有可能是岩漿凝固後的最終殘液，但多半都是雨水或海水滲入地底，在地底加熱後的產物。之後在湧上地表的過程中，從行經路途上的岩石帶走金屬等物質，形成礦脈。

富含大量金屬的熱液在海底噴湧而出，金屬礦物在那裡沉澱後就形成塊狀的礦石。

主要可觀察到閃鋅礦、方鉛礦、黃銅礦、黃鐵礦、重晶石或石膏等礦物。因為大部分的閃鋅礦和方鉛礦礦石都黑黝黝的，因此又特別稱之為**黑礦**，這類礦床則叫作**黑礦礦床**。

日本靠日本海一側的許多礦場都很有名，尤其是秋田縣的小坂礦山（圖Ⅳ.4）、花岡礦山與釋迦內礦山。

▲秋田縣小坂町小坂礦山的露天開採遺跡（圖Ⅳ.4）

熱液可能會讓岩石整體或沿礦脈而生的一部分區域蝕變（換質）。有些岩石容易受熱液影響而蝕變，也有的並非如此，這將依岩石內礦物（造岩礦物）的不同而定。一般來說，鎂鐵礦物和長石類很容易蝕變，石英則很難產生換質作用。

透過這些交代換質的過程，形成壽山石（葉蠟石、水鋁石等）、黏土（白雲母[即所謂的絹雲母]、高嶺石等）、明礬石一類（明礬石、鈉明礬石等）、綠泥石（斜鎂綠泥石等）這些富含鋁的礦物，或是亦富含石英的岩石。

可認為這與熱液是一個連環。特指高溫氣體來到地面，噴到空氣中。此時，礦物就會因噴氣孔附近所含有的成分而形成。從氣體直接形成固體，不經由液體的轉變，這種現象稱為昇華——反過來的情況則稱作凝華。

噴氣口的附近會形成昇華物或近似昇華狀態的氣體，換句話說，這些物質即使經歷液體的轉變，也會在極短的時間內結晶化。

如自然硫、雞冠石、石黃、銅藍、輝鉍礦、黑銅礦、石英或蛋白石（矽膠）、氯銅礦、毛礬石、無水芒硝、三笠石、石膏和瀉鹽（硫酸鎂）等等（圖Ⅳ.5）。

▲群馬縣草津町殺生河原的噴氣照片（圖Ⅳ.5）

這個像惡鬼之口的火山噴氣口令人毛骨悚然。因為這個噴氣口會噴出很多有毒的硫化氫，所以現在已經禁止進入了。

第Ⅳ章 ◆ 產狀與礦物集合的法則

■ 2 沉積作用

2-1 沉積

　　沉積物處於未完全固化的狀態，**沉積岩**則是已經固化（岩化）的物質。

　　持續岩化沉積物的作用叫作**成岩作用**。這種產狀的礦物大致可分為兩種：

　　一種是單純將一些對風化或磨蝕抵抗力強的礦物搬運並囤積在一起。雖然這麼說，但這也是在實用礦物自然富集（順其自然的重力富集）上很重要的一種機制。包括鑽石在內的眾多寶石礦物、自然金、自然鉑、自然鐵、磁鐵礦、鈦鐵礦和錫石等等皆屬此類（圖Ⅳ.6）。

　　上述礦物在砂礦裡以值得開採的程度集中在一起的地方，稱為**沖積礦床**。

　　另一種則是在成岩作用中形成的礦物。這些礦物主要是從間隙水沉澱下來的，只有沉積物的顆粒之間互相黏著的石英、方解石和白雲石等等，種類有限，也有**自生礦物**一稱。

利用木製淺盤汰洗＊河沙後，大量的鐵砂（主要為磁鐵礦）集中在一起。偶爾也能在裡頭發現砂金。

▲石川縣金澤市犀川的鐵砂與砂金（圖Ⅳ.6）

＊**汰洗**　利用比重差異，藉由淺盤之類的盤子篩分砂金的手法。

2-2 沉澱

　　將在常溫常壓下溶於海水或湖水之中的礦物成分，透過液體濃度的變化等方式使其沉澱。通常會使其作為沉澱物堆積在底部。海底的錳核也是其中之一（圖Ⅳ.7）。

　　雖然也有一旦形成後就不會輕易溶解的物質，但有時只要大量的雨水匯流進去，湖底沉澱的物質就會再度溶解於水中。

　　在湖海水完全乾涸後，如果有其他的沉積物覆蓋在沉澱物上，那麼這些沉澱物就有可能因成岩作用的結果而岩化。我們稱其為**蒸發岩**，包括岩鹽、鉀鹽、方解石、石膏、硬石膏、硼砂、硬硼鈣石、智利硝石等等。

　　這種現象只會發生在乾旱地帶（圖Ⅳ.8），所以像日本這樣多雨的地區就幾乎不會形成蒸發岩。乾潮時，似乎能在海邊的潮池裡觀察到岩鹽的沉澱（圖Ⅳ.9）。

▲於鹿兒島縣大東海嶺發現的錳核（圖Ⅳ.7）

▲鹽湖　勒弗利湖（Lake Lefroy）（圖Ⅳ.8）

在澳洲內陸發現的鹽湖。湖水乾涸後岩鹽沉澱下來。

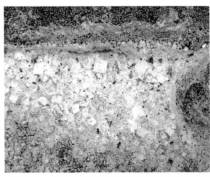

▲乾潮時，在和歌山縣串本町的海岸上發現的岩鹽（圖Ⅳ.9）

■ 3 變質作用

3-1 區域變質作用

　　各式各樣的岩石和沉積物隱沒地底，並受到大範圍的變質作用。其作用結果主要會形成片麻岩與結晶片岩。

　　片麻岩的特點是它的條帶狀結構，這種結構由輝石、角閃石、黑雲母這種有色礦物含量較多的部分，與石英、長石這種無色礦物含量較多的部分組成。在相對高溫高壓的環境下形成，且礦粒較粗亦是其特色。

　　結晶片岩是區域變質岩，擁有一種名為**片理**的片狀易碎性質。片理會依雲母和綠泥石這種鱗狀結晶的排列，角閃石或綠簾石這種柱狀結晶的排列來發展。一般認為相較於片麻岩，結晶片岩是在較低溫的環境下形成。

　　有時片麻岩和結晶片岩裡也會含有脈或透鏡狀的團塊。依據源岩的化學結構與遭受的溫度壓力，形成了多采多姿的礦物。例如石墨、剛玉、尖晶石、鐵鋁榴石、錳鋁榴石、矽線石、紅柱石、藍晶石、十字石、硬柱石、綠簾石、紅簾石、綠柱石、堇青石、鈉鎂電氣石、透輝石、陽起石、滑石、白雲母、金雲母（黑雲母）、斜鎂綠泥石（綠泥石）、石英、鈉長石、鉀長石等（圖Ⅳ.10）。

　　另外，偶爾可在結晶片岩內觀察到大量的黃鐵礦、磁黃鐵礦和黃銅礦等礦物層狀匯集的現象（圖Ⅳ.11）。開採這種礦物的礦床叫作**層狀含銅硫化鐵礦床（Kieslager）**。著名的有茨城縣日立礦山與愛媛縣別子礦山。

▲埼玉縣皆野町親鼻的紅簾石片岩（圖Ⅳ.10）

▲茨城縣日立市諏訪礦山的層狀含銅硫化鐵礦（圖Ⅳ.11）

一旦含有蓄積在海底的錳核的沉積岩或沉積物隱沒下來，受到變質作用後，裡頭錳的氧化物、碳酸鹽與矽酸鹽礦物的集合體就有可能形成層狀。這種礦床名為**變質層狀錳礦床**（圖Ⅳ.12）。

有時這種礦床也會進一步受到接觸換質作用的影響，形成多樣化的礦物。珍稀礦物（也包括日本新礦物）從日本岩手縣野田玉川礦山與田野畑礦山、福島縣御齋所礦山、栃木縣加蘇礦山、群馬縣茂倉澤礦山、東京都白丸礦山、愛知縣田口礦山、京都府園礦山、愛媛縣古宮礦山和鞍瀨礦山、大分縣下払礦山、熊本縣種山礦山、鹿兒島縣大和礦山等礦場出產。

還有一種區域變質岩，其結構與片麻岩和結晶片岩不一樣。其代表礦物為蛇紋岩。**蛇紋岩**是橄欖岩（主成分為鎂橄欖石）因水化變質而形成的塊狀岩石，其伴隨著結晶片岩等礦物產出。主成分是蛇紋石礦物（纖蛇紋石、葉蛇紋石、蜥蛇紋石等），源岩也包含其他的礦物殘餘（鉻鐵礦等）、磁鐵礦及硫化鎳（鎳黃鐵礦、黃鎳鐵礦等）。

雖然有些**輝玉岩**是從溶液沉澱而產生，但也有的是因變質（交替）作用而形成纖密的、幾乎均由輝玉組成的塊狀岩石，並伴隨蛇紋岩產出（圖Ⅳ.13）。

含有金紅石、鋯石、榍石、陽起石、鎂鋁鈉閃石、鍶礦（糸魚川石、蓮華石、松原石等）以及鈉沸石等礦物。

▲變質層狀錳礦石（圖Ⅳ.12）

以褐錳礦為主體的變質層狀錳礦石。產地：栃木縣佐野市野峰礦山。

▲新潟縣糸魚川市青海川的大塊翡翠（圖Ⅳ.13）

3-2 接觸變質作用

一種岩漿與既有岩石接觸後所產生的變質作用，可在比較小的範圍內觀察到。原則上，僅僅受到岩漿熱度影響而使周遭岩石變質的岩石就叫作**接觸變質岩**。

然而實際上這種岩石的規模有大有小，也經常伴隨著化學成分的交替而形成，所以或許更適合稱其為**接觸交替岩**。尤其在與石灰岩或白雲岩這種碳酸鹽岩接觸時，含有矽、鋁、鐵等元素的熱液會從岩漿轉移到碳酸鹽岩裡，鈣和鎂則從碳酸鹽岩流入岩漿中。

因此在兩者接觸部位的附近會產生主成分為鈣、鎂、鋁、鐵等元素的矽酸鹽礦物。

例如矽灰石、鈣鋁榴石、鈣鐵榴石、符山石、綠簾石、透輝石、鈣鐵輝石及斧石等等。

這種礦群名叫**矽卡岩礦物**，由矽卡岩礦物所組成的岩石稱為**矽卡岩**（圖Ⅳ.14）。矽卡岩是一個引用自瑞典採礦術語的學術名詞。若其中伴生有價值的金屬礦物（黃銅礦、磁鐵礦、赤鐵礦、閃鋅礦、方鉛礦、白鎢礦等）時，則稱之為**矽卡岩礦床**。

知名的有岩手縣釜石礦山、和賀仙人礦山、赤金礦山，以及新潟縣糸魚谷礦山、福島縣八莖礦山、埼玉縣秩父礦山、岐阜縣神岡礦山、山口縣長登礦山與大和礦山、大分縣尾平礦山和木浦礦山、宮崎縣土呂久礦山。

在未曾受到明確交替作用的石灰岩、燧石及砂岩上，也會出現單純是方解石或石英再結晶後變粗的情況。

以泥質岩或紅壤質岩的情況來說，按照化學結構的差異，亦有可能形成剛玉、尖晶石、矽線石、紅柱石、菫青石、金雲母（黑雲母）、白雲母等礦物。

▲矽卡岩，埼玉縣秩父市石灰澤（圖Ⅳ.14）

由灰色的方解石（再結晶以後晶粒變粗），白色的矽灰石（最單純的矽卡岩礦物）和淺棕色的鈣鋁榴石（因融入些許的鐵而帶有一點顏色）組成的矽卡岩。

如此形成的岩石，在石灰岩上稱為**石灰岩再結晶**（也就是所謂的大理石），在燧石、砂岩和泥岩上則被稱作**角頁岩**。

岡山縣布賀礦山即為一例，在該地，富含大量硼元素的熱液在石灰岩再結晶或矽卡岩上作用，形成以鈣為主成分的硼酸鹽礦物。光是這個地方就發現了十二種的硼酸鹽新礦物，這裡甚至還出產許多全球稀有的硼酸鹽礦物。

3-3 綠岩變質作用

藉由海底火山活動所產生的鎂鐵質岩（玄武岩、玄武岩質枕狀熔岩、玄武岩質凝灰岩、輝長岩等）在變質後整體呈綠色，故而得名。在主要的組成礦物裡，鎂橄欖石變質為蛇紋石礦物，輝石變成陽起石或綠泥石，鈣長石則變換成鈉長石。

除此之外，也會形成綠簾石、綠纖石、葡萄石或沸石等礦物。在受高壓變質的礦物上，亦可觀察到翠綠輝石和輝玉等物種。雖然普遍是塊狀的岩石，但偶爾也能看見一點點片理。

▲ 海底火山活動

▲ 枕狀熔岩、群馬縣下仁田町茂垣

噴出海底的玄武岩呈枕狀結構。在其綠岩變質後，形成翠綠輝石、綠閃石、綠纖石等礦物。

■ 4 氧化、風化作用（大氣等因素引起的反應）

　　暫時形成的某種礦物在地表附近與大氣、雨水、海水、地下水或有機物等反應後化學分解，轉變成別種礦物。像這樣形成的礦物叫作**次生礦物**。

　　硫化礦物尤其如此，是故在礦床的露頭及其周遭會形成多樣化的次生礦物（稱為**氧化帶**）（圖Ⅳ.15）。

▲在和歌山縣串本町的海岸上發現的氧化帶（生成了氯銅礦等物質）（圖 Ⅳ.15）

　　通常以釩、鉻、錳、鐵、鈷、鎳、銅元素為主成分的次生礦物顏色顯眼，主成分為鋅或鉛且不含上述元素的次生礦物則呈現白色。

　　此外，常見的次生礦物主成分碳、磷、硫磺、砷，基本上都不會是成色的原因。

　　表Ⅳ.2列出了好幾種次生礦物及其顏色。

紅（帶點粉色）~橙（含深棕色）	鉻鉛礦 $[Pb(Cr^{6+}O_4)]$ 赤鐵礦 $[Fe_2^{3+}O_3]$	砷鉛鐵礦 $[PbFe_2^{3+}(AsO_4)_2(OH)_2]$ 水釩鋅鉛石 $[PbZn(V^{5+}O_4)_2(OH)]$	鈷華 $[Co_3^{2+}(AsO_4)_2·8H_2O]$	赤銅礦 $[Cu_2^{1+}O]$
橙（含深棕色）~黃（含淺棕色）	釩鉛礦 $[Pb_5(V^{5+}O_4)_3Cl]$ 砷鉛礦 $[Pb_5(AsO_4)_3Cl]$	水釩銅鉛石 $[PbCu^{2+}(V^{5+}O_4)(OH)]$ 鉬鉛礦 $[Pb(Mo^{6+}O_4)]$	黃鉀鐵礬 $[KFe_2^{3+}(SO_4)_2(OH)_6]$ 鈣鈾雲母 $[Ca(U^{6+}O_2)_2(PO_4)_2·10\text{-}12H_2O]$	針鐵礦 $[Fe^{3+}O(OH)]$
黃（含淺棕色）~綠（含淺灰綠色）	臭蔥石 $[Fe^{3+}(AsO_4)·2H_2O]$ 假孔雀石 $[Cu_5^{2+}(PO_4)_2(OH)_4]$	鎳華 $[Ni_3^{2+}(AsO_4)_2·8H_2O]$ 水膽礬 $[Cu_4^{2+}(SO_4)(OH)_6]$	氯銅礦 $[Cu_2^{2+}(OH)_3Cl]$ 橄欖銅礦 $[Cu_2^{2+}(AsO_4)(OH)]$	孔雀石 $[Cu_2^{2+}(CO_3)(OH)_2]$ 磷氯鉛礦 $[Pb_5(PO_4)_3Cl]$
藍~靛藍	藍鐵礦* 光線石 $[Cu_3^{2+}(AsO_4)(OH)_3]$	青鉛礦 $[PbCu^{2+}(SO_4)(OH)_2]$ 藍銅礦 $[Cu_3^{2+}(CO_3)_2(OH)_2]$	絨銅礬 $[Cu_4^{2+}Al_2(SO_4)(OH)_{12}·2H_2O]$ 膽礬 $[Cu^{2+}(SO_4)·5H_2O]$	
紫	磷錳石 $[Mn^{3+}(PO_4)]$			
白（無色）	藍鐵礦 $[Fe_3(PO_4)_2·8H_2O]$* 白鉛礦 $[Pb(CO_3)]$ 砷華 $[As_2O_3]$	異極礦 $[Zn_4Si_2O_7(OH)_2·H_2O]$ 黃銻華 $[Sb_3O_6(OH)]$	水紅鋅礦 $[Zn_5(CO_3)_2(OH)_6]$ 銻華 $[Sb_2O_3]$	硫酸鉛礦 $[Pb(SO_4)]$ 泡鉍礦 $[(BiO)_2(CO_3)]$
黑~暗棕色	黑銅礦 $[Cu^{2+}O]$ 水鈷礦 $[Co^{3+}O(OH)]$	軟錳礦 $[Mn^{4+}O_2]$	橫須賀礦 $[Mn_x^{2+}Mn_{1\text{-}x}^{4+}O_{2\text{-}2x}(OH)_{2x}]$	

作為成色原因的元素會標記價數。

不太清楚砷鉛礦和磷氯鉛礦的成色原因是痕量成分，還是晶格缺陷所造成。

新鮮的藍鐵礦無色，但會在空氣中逐漸變藍。原因是鐵的一部分氧化了，類似$(Fe^{2+},Fe^{3+})_3(PO_4)_2(OH,H_2O)_x·8\text{-}xH_2O$這樣。

▲次生礦物及其顏色（表 Ⅳ.2）

第Ⅳ章 ◆ 產狀與礦物集合的法則

2. 什麼是礦物的共生與共存?

通常產出橄欖石的岩石裡不存在石英。假如這種岩石跟富含矽酸鹽分的岩漿相會,會發生什麼事呢?

橄欖石的化學結構為 $(Mg,Fe)_2SiO_4$,而石英則是 SiO_2;只要它們在高溫下接觸就會產生反應。最後透過化學反應 $(Mg,Fe)_2SiO_4 + SiO_2 \rightarrow (Mg,Fe)_2Si_2O_6$ 形成的是**輝石**(直方晶系的頑火輝石)。要是存在等量的橄欖石和石英,這些礦物便會全都變成輝石。不管哪邊占比較多,要麼形成輝石加橄欖石,要麼形成輝石加石英,絕不會出現橄欖石與石英的集合體。不過,在化學反應無法充分進行的低能量(低溫或高溫但接觸時間極短)的情況下,也會生成「橄欖石加石英」或「橄欖石、輝石加石英」的集合體。

在岩石礦物學的領域中,若兩種以上的礦物同時且安定地生成,就代表它們是共生的,其集合體則稱為**礦物組合**。這尤其是變質岩的組成礦物集合體的特色。

共生以外的礦物集合叫作**共存**。岩漿冷卻後所形成的岩石,其組成礦物會分好幾個階段來形成,所以這些礦物不是共生,而是「共存」。

基本上,經由岩漿和石灰岩的接觸而形成的矽卡岩礦物是共生關係,但有時一部分的矽卡岩礦物會因注入變質末期的物質(如含有化學成分的熱液)而蝕變,它們跟未蝕變的矽卡岩礦物是共存關係。

如上所述,透過觀察礦物之間的共生與共存狀態,便能推斷礦物的形成成因(亦可稱為產狀),這對肉眼鑑定礦物也很有幫助。

本章第一節〈產狀包括哪些東西?〉的開頭雖以石榴石為例,但若只有紅褐色的石榴石,就無法簡單地判斷出它是哪種石榴石。不過,要是其周圍帶有方解石,則很有可能是矽卡岩,所以可以推測其為鈣鐵榴石。

另外,假使上面帶有長石或白雲母等礦物,屬於偉晶岩的可能性就很高,因此便能推斷它是鐵鋁榴石。

表IV.3整理出一些主要的礦物,這些礦物基本上不會與石英共生,又或著石英不會在產出表列礦物的地質環境下出現。

就算有時這類礦物看上去好像與石英相接，但在其邊界上是可以觀察到別的細微礦物的（指在偏光顯微鏡或電子顯微鏡下觀察）。還有一種可能，是雙方的化學反應能量不夠充足所導致。這是一種極為罕見的案例。

礦物名稱	化學結構	性質
自然鐵	Fe	
方錳礦	$MnO+SiO_2=MnSiO_3$	近似薔薇輝石的準輝石很安定
剛玉	$Al_2O_3+SiO_2=Al_2SiO_5$	近似紅柱石的矽酸鹽礦物很安定
鎂尖晶石	$MgAl_2O_4$	
鐵尖晶石	$FeAl_2O_4$	
錳尖晶石	$MnAl_2O_4$	
鎂鐵礦	$MgFe_2O_4$	
錳鐵礦	$MnFe_2O_4$	
鎂鉻鐵礦	$MgCr_2O_4$	
鉻鐵礦	$FeCr_2O_4$	
黑錳礦	$MnMn_2O_4$	
鈣鈦礦	$CaTiO_3$	
水鎂石	$Mg(OH)_2$	
菱鎂礦	$MgCO_3$	
水菱鎂礦	$Mg_5(CO_3)_4(OH)_2 \cdot 4H_2O$	
菱水鎂鋁石	$Mg_6Al_2(CO_3)(OH)_{16} \cdot 4H_2O$	
粒鎂硼石	$Mg_3B_2O_6$	
硼錳石	$Mn_3B_2O_6$	
硼鎂鐵礦	$(Mg,Fe)_2FeO_2(BO_3)$	
白硼錳石	$MnBO_2(OH)$	
水硼錳礦	$(Mg,Fe)_{14}B_8(Si,Mg)O_{22}(OH)_{10}Cl$	
鎂橄欖石	$Mg_2SiO_4+SiO_2=2MgSiO_3$	近似頑火輝石的輝石很安定
錳橄欖石	$Mn_2SiO_4+SiO_2=2MnSiO_3$	近似薔薇輝石的準輝石很安定
斜矽鎂石	$Mg_9(SiO_4)_4(F,OH)_2$	
粒矽鎂石	$Mg_5(SiO_4)_2(F,OH)_2$	

礦物名稱	化學結構	性質
粒矽錳石	$Mn_5(SiO_4)_2(OH,F)_2$	
斜矽錳石	$Mn_9(SiO_4)_4(OH)_2$	
符山石	$Ca_{19}(Al,Mg,Fe)_{13}Si_{18}O_{68}(O,OH,F)_{10}$	
鋁方柱石	$Ca_2Al(AlSi)O_7$	
水鈣黃長石	$Ca_2Al_2SiO_6(OH)_2$	
輝玉	$NaAlSi_2O_6+SiO_2=NaAlSi_3O_8$	高壓下等式左側安定，低壓下等式右側的鈉長石安定
針鈉鈣石	$NaCa_2Si_3O_8(OH)$	
珍珠雲母	$CaAl_2(Al_2Si_2)O_{10}(OH)_2$	
綠脆雲母	$CaMg_2Al(Al_3Si)O_{10}(OH)_2$	
鋇鎂脆雲母	$(Ba,K)(Mg,Mn,Al)_3(Al_2Si_2)O_{10}(OH,F)_2$	
蛇紋石礦物	$Mg_3Si_2O_5(OH)_4$	
鈣長石	$CaAl_2Si_2O_8$	
霞石	$(Na,K)AlSiO_4+2SiO_2=(Na,K)AlSi_3O_8$	鹼性長石很安定
白榴石	$KAlSi_2O_6+SiO_2=KAlSi_3O_8$	鉀長石很安定
方鈉石	$Na_4(Al_3Si_3O_{12})Cl$	
青金石	$Na_3Ca(Al_3Si_3O_{12})S$	
鈉沸石	$Na_2Al_2Si_3O_{10}·2H_2O$	
桿沸石	$NaCa_2Al_5Si_5O_{20}·6H_2O$	
鈣沸石	$CaAl_2Si_3O_{10}·3H_2O$	

▲ 無法與石英共存的礦物（表 Ⅳ.3）

第 V 章

簡易結晶學

1. 結晶的形狀與對稱

晶體外形

　　只要礦物是在自由空間（如氣體或液體等柔韌的空間）生長，便會形成一種該礦物獨有的外形。雖說原子規律排列的物質是晶體，但這種具有獨特**外形**（亦稱**自形**）的晶體，我們習慣特以「**結晶**」稱之。

　　構成其外形的表面（儘管幾乎都是平面，但細看之下會發現各種因素所導致的凹凸不平）名為**晶面**。晶面與其相鄰晶面之間形成的角度稱作**面角**，取自成形面的稜線外角。如果是大一點的晶面，就要用在量角器上裝直尺的接觸測角儀（圖V.1）來測量面角，小的晶面則是採取利用光反射測量的單圈或雙圈反射測角儀。

　　即使是以相同晶面組成的同種礦物，也會因生長環境的影響而使晶面大小產生差異，還有可能看起來像扭曲變形（晶癖的介紹：請參照《圖說礦物自然史》P.295）。不過一旦測量面角，就會發現均勻生長的晶體面角完全相同。這叫作**面角守恆定律**，是斯蒂諾（Nicolaus Steno）在1669年時發現的。

　　結晶是被好幾個晶面圍繞而存在的三維物質，所以它必須擁有4個以上的晶面。實際上，因為結晶會接在同種或別種的礦物上，所以往往只能觀察到一部分的晶面。看不到的晶面也可以用結晶所具備的規律性來推量。

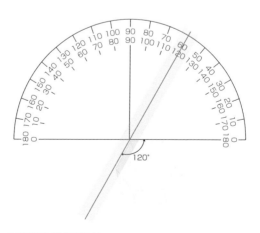

▲接觸測角儀（圖V.1）

對稱要素

晶體外形的規律性可用對稱要素來解釋。

舉例來說，透過對晶面的操作使其呈現與先前完全一樣的狀態時，便能認定在這之中存在**對稱關係**。其操作方式有三種：旋轉、鏡射與反轉。**旋轉**是想像一條穿過結晶中心的軸，當以這條軸線（對稱軸）為中心360度旋轉結晶時，去計算該晶體有幾次處於相同的狀態。

旋轉只有四種，即二次（等於180度）、三次（等於120度）、四次（等於90度）和六次（等於60度）（圖V.2）。

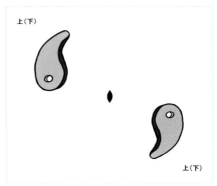

▲二次對稱軸

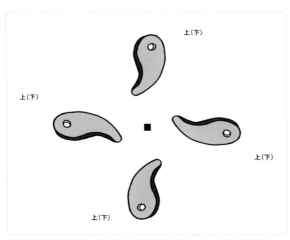

▲四次對稱軸

二次對稱軸穿過凸透鏡形記號的中心，與紙面呈垂直方向。圖案在同一個平面上（用球來表示的話，就是在北半球〈上〉或南半球〈下〉任選其一）。180°旋轉以後，會回到同樣的圖案。四次對稱軸則是一條穿過記號■中心的軸線，在這種狀態下，每次旋轉90°就會變成一樣的圖案。

▲對稱軸示例（圖 V.2）

對稱要素的符號各為2、3、4、6。

因為**鏡射**是一種彼此呈鏡子相映的狀態，所以採用**鏡面**（符號為m）一詞來表現（圖V.3）。

反轉的意思是兩個晶面對一個理想的結晶中心呈中心對稱的關係，因此稱之為**對稱中心**（符號是i或$\bar{1}$）（圖V.4）。

進一步同時進行旋轉跟反轉操作的對稱要素叫**旋反軸**，假如把一些用其他操作就能說明的要素刪除，那四次旋反軸（符號為$\bar{4}$）就是其中唯一獨立的要素（圖V.5）。

同時進行旋轉和鏡射的對稱要素稱作**旋映軸**，因為這種要素全部都能用其他操作來解釋，所以現在不太有人使用。

對稱軸、鏡面、對稱中心、旋反軸及旋映軸之間的關係統整如表V.1。

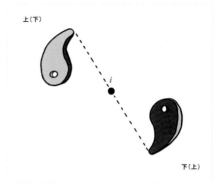

圖案不在同一個平面上（同時存在北半球與南半球）如果把圖案上的某一點與對稱中心連接的線延伸出去，則在同樣的距離下，另一側的圖案裡會有一個相同的點。

▲對稱中心（圖 V.4）

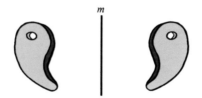

鏡面與紙面垂直，所以在平面上呈一條直線。左右兩邊會變得像像鏡子映射一樣。

▲鏡面（圖 V.3）

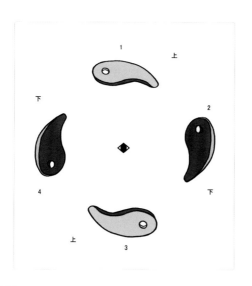

將圖案1往右旋轉90˚（來到2的位置），並操作對稱中心後，它就會變成圖案4。把圖案4往右90˚（來到1的位置），並操作對稱中心後，它就會變成圖案3。把圖案3往右90˚（來到4的位置），並操作對稱中心後，它就會變成圖案2。

這樣便輪了一圈，所以如果把1放在北半球，2跟4就位於南半球，3則是在北半球。建立這種關係，且垂直於紙面的軸線，人稱**四次旋反軸**。

▲四次旋反軸（圖 V.5）

旋轉操作	1	2	3	4	6
對稱軸		二次對稱軸	三次對稱軸	四次對稱軸	六次對稱軸
鏡面					
對稱中心					
旋反軸	一次旋反軸＝對稱中心	二次旋反軸＝鏡面	三次對稱軸與對稱中心	四次旋反軸	三次對稱軸跟與其垂直的鏡面
旋映軸	一次旋映軸＝鏡面	二次旋映軸＝對稱中心	三次對稱軸跟與其垂直的鏡面	＝四次旋反軸	三次對稱軸與對稱中心

綠字是獨立的對稱要素。

藍字有時會分別以三次旋反軸、六次旋反軸來使用。

▲對稱要素的關係（表 V.1）

晶軸

前面第Ⅱ章第3節的晶面也解釋過,於表現晶體的時候,我們會想像一條名為晶軸的虛構三維座標軸。

假設在理想的晶體中心放置一個原點,在這個原點交錯的三個軸分別是 a、b、c 軸。基本上,a 軸取前後方向,b 軸左右方向,c 軸則是上下方向;且 a 軸的前方為正,b 軸右方為正,c 軸上方為正。另外,再設 b 軸跟 c 軸的夾角為 a,c 軸跟 a 軸的夾角為 β,a 軸跟 b 軸的夾角為 γ(圖Ⅱ.21a)。

此時若 a、b、c 軸刻度單位長為 A、B、C,則七大晶系與晶軸之間的關係如下:

A = B = C、a=β=γ= 90° ➡ 立方(等軸)晶系

A = B≠C、a=β=γ= 90° ➡ 正方晶系

A = B≠C、a=β= 90°、γ= 120 ➡ 六方晶系、三方晶系

A = B = C、a=β=γ≠90° ➡ 三方晶系(菱面體晶系)

A≠B≠C、a=β=γ= 90° ➡ 直方(斜方)晶系

A≠B≠C、a=γ= 90°、β≠90° ➡ 單斜晶系

A≠B≠C、a≠β≠γ ➡ 三斜晶系

三方晶系的軸線有兩種取法,一種跟六方晶系一樣,另一種則是菱面體那種。

再者,六方晶系與三方晶系也有一種表現方式是4個軸:在同一平面上各以120°相交的3條等長軸線,加上在其交點與3軸垂直交錯的1條軸線(圖Ⅱ.21b)。

每個晶系特有的對稱要素如表V.2所示。

立方晶系	在 a、b、c 軸以外的位置有三次對稱軸。
正方晶系	c 軸相當於四次對稱軸或四次旋反軸。
六方晶系	c 軸相當於六次對稱軸六次旋反軸。
三方晶系	c 軸相當於三次對稱軸或三次旋反軸。
直方晶系	各軸或 c 軸為二次對稱軸,對稱軸或鏡面彼此正交。
單斜晶系	b 軸只有二次對稱軸或鏡面。
三斜晶系	只有對稱中心,或完全不具對稱要素。

▲晶系與對稱要素(表 V.2)

晶系與對稱要素的組合

黃鐵礦的理想晶體圖經常會被畫成立方體。如果它是立方體，那 *a*、*b*、*c* 軸就應該是四次對稱軸或四次旋反軸，但只要觀察條紋就會發現事實並不如此，這點我們在第 II 章第 3 節提到黃鐵礦的條紋時說明過。不過，連到不在立方體同一面上的頂點的直線（體對角線），其方向（[111]方向）又相當於三次對稱軸（因為有對稱中心，所以記為三次旋反軸）。

也就是說，並不是只要是立方晶系就有四次對稱軸或四次旋反軸，但它一定有三次對稱軸或三次旋反軸。綜上所述，各個晶系不僅有共通（必備）的對稱要素，也會因與其他對稱要素的組合而區分成好幾種。

立方晶系有 5 種，正方晶系 7 種、六方晶系 7 種、三方晶系 5 種、直方晶系 3 種、單斜晶系 3 種、三斜晶系 2 種，總共是 32 種。

我們稱這 32 個種類為**晶族**或**點群**。表 V.3 顯示對應這 32 種對稱要素的主要礦物。

▲黃鐵礦

▲黃鐵礦

晶系		點群符號			代表晶形	
立方晶系	完面像	m (4/m)	$\bar{3}$	m (2/m)	六八面體	自然金、方鉛礦、螢石、磁鐵礦、石榴石
	異極半面像	$\bar{4}$	3	m	六四面體	閃鋅礦、黝銅礦
	偏形半面像	m (2/m)	$\bar{3}$		偏方二十四面體	黃鐵礦、輝砷鈷礦
	對掌半面像	4	3	2	五角三八面體	碲金銀礦、磁赤鐵礦
	四半面像	2	3		偏五角十二面體	輝砷鎳礦
正方晶系	完面像	4/m	m (2/m)	m (2/m)	複正方雙錐體	錫石、磷酸釔礦、鋯石、符山石
	異極半面像	4	m	m	複正方錐體	鉛鈦礦
	偏形半面像	4/m			正方雙錐體	白鎢礦、方柱石
	對掌半面像	4	2	2	偏八面體	方矽石
	四半面像	4			正方錐體	鉬鉛礦
	第二半面像	$\bar{4}$	2	m	正方偏三角面體	黃錫礦、鋁方柱石
	第二四半面像	$\bar{4}$			雙楔面體	鋅黃錫礦
六方晶系	完面像	6/m	m (2/m)	m (2/m)	複六方雙錐體	石墨、輝鉬礦、綠柱石
	異極半面像	6	m	m	複六方錐體	纖鋅礦、硫鎘礦
	偏形半面像	6/m			六方雙錐體	磷灰石
	對掌半面像	6	2	2	偏四角面體	水磷鈰石
	四半面像	6			六方錐體	霞石、鈣霞石
	三方完面像	$\bar{6}$	m	2	複三方雙錐體	氟碳鈰礦、藍晶礦
	三方偏形半面像	$\bar{6}$			三方雙錐體	六方氯鉛礦
三方晶系（菱面體晶系）	異極半面像	3	m		複三方錐體	濃紅銀礦、明礬石、電氣石
	對掌半面像	3	2		偏六面體	辰砂、石英
	四半面像	3			三方錐體	俞琴石、一水方解石
	第二半面像	$\bar{3}$	m (2/m)		複三方偏三角面體	剛玉、方解石、智利硝石
	第二四半面像	$\bar{3}$			菱面體	鈦鐵礦、白雲石
直方晶系	完面像完面像	m (2/m)	m (2/m)	m (2/m)	雙錐體	輝銻礦、重晶石、霰石、頑火輝石
	異極半面像	2	m	m	錐體	異極礦
	半面像	2	2	2	雙楔面體	皓礬
單斜晶系	完面像	2/m			柱體	藍銅礦、石膏、普通輝石、正長石
	異極半面像	2			楔面體	黃鉀鐵礬
	半面像	m			坡面體	海神石、矽銻鐵礦
三斜晶系	完面像	$\bar{1}$			軸面體	膽礬、斧石、斜長石
	半面像	1			單面體	阿拉馬酉礦

▲32晶族（表 V.3）

晶面

　　晶面可用三條晶軸的交會點來表現。設每一軸的刻度單位比（軸比）為 $a:b:c$，若套用簡單的分數 $m:n:p$，則晶面將以 $ma:nb:pc$ 的比率與晶軸相交。

　　雖然**軸比**是無理數，但這個比例卻是有理數。這叫作**有理指數定律**，是由豪伊（René-Just Haüy）所發現的定律。

　　另外，取 $m:n:p$ 的倒數通分之後的整數 $h:k:l$ 為常用晶面指數（米勒指數）的 (hkl)。

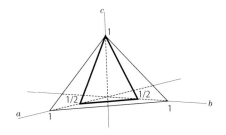

粗線的部分是 (221)，其於 a 軸與 b 軸 $1/2$ 處相交，傾斜角度與 (111) 不同。

▲(221)（圖 V.7）

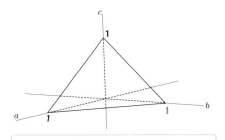

各軸上的 1 只是標示比例，不需等長，所以數字會更動。

▲(111)（圖 V.6）

　　當軸比為 $a:b:c$ 時，以各個軸比的比例相交的晶面會以 (111) 表示（圖 V.6）。

　　假如某一晶面以 $1/2\,a:1/2\,b:1c$ 相交，則表示為 (221)（圖 V.7）。

　　此外，當晶面以 a 軸 $1/2$、c 軸 1 的比例相交，且不與 b 軸交會（與 b 軸平行，即數學概念中在無限大的遠方交會的情況）時，其軸比為 $1/2\,a:\infty\,b:1c$，晶面指數則寫作 (201)（因為 ∞ 的倒數為 0）（圖 V.8）。

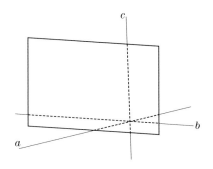

不與 b 軸相交的晶面在 a 軸的 $1/2$ 處交會，所以表示成 (201)。

▲(201)（圖 V.8）

再來，當晶面也不和 c 軸交會（只與 a 軸相交）時，則記為(100)（圖V.9）。晶面指數沒有(200)這種表現法，其數字必須先除以最大公因數才行。

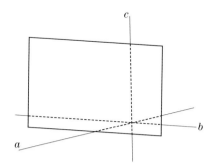

▲(100)（圖 V.9）

比如把(222)寫作(111)、(422)表示成(211)。

原因在於晶晶只有傾斜才有意義，和它平行的其他晶面都會看作等同。在數學上，以 $\frac{1}{2}a$：$\frac{1}{2}b$：$\frac{1}{2}c$ 的比率相交的平面(222)是存在的，只是由於其與(111)平行，所以不具作為晶面指數列出的意義（圖V.10）。

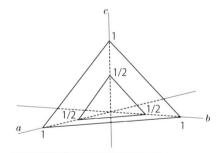

▲(111)與(222)（圖 V.10）

在六方和三方晶系裡，有時會以主軸（ c 軸）跟側軸（ a_1、a_2、a_3 軸）來表示，所以其晶面指數可用類似($hkil$)的寫法來表現。

此時它們之間的關係會變成 $h+k+i=0$。舉例來說，石英（水晶）柱面（與 c 軸平行）的晶面指數表示為(10$\bar{1}$0)（1上面的「-」代表負數）。

若晶面指數是(111)，代表晶面會在三條晶軸的正向軸交會；假如只有 b 軸是在負向軸相交，則寫作(1$\bar{1}$1)。不過在晶面因旋轉、鏡面和對稱中心的操作下而與(111)等價時，就不會註記成(1$\bar{1}$1)。

比如說方鉛礦八面體結晶的晶面(111)、(1$\bar{1}$1)、(11$\bar{1}$)、($\bar{1}$11)、(1$\bar{1}\bar{1}$)、($\bar{1}\bar{1}$1)、($\bar{1}$1$\bar{1}$)、($\bar{1}\bar{1}\bar{1}$)全數等價，所以會以(111)作代表，採用{111}的符號來表示（圖V.11）。

然而，在對稱要素較少的單斜晶系和三斜晶系的晶面上就很少出現等價的平面。

例如三斜晶系的微斜長石（只有對稱中心）的$(1\bar{1}0)$和$(\bar{1}10)$等價，但卻不與(110)等價（圖V.12）。

晶體繞射圖是假定晶體被理想的晶面包圍所繪製的圖。因為在每一個晶面上寫晶面指數很麻煩瑣碎，所以有時主要會以英文字母的符號來註記。這方面多少會因晶系或礦物種而有所不同，但單純的晶面指數，其所用的晶面符號幾乎是一樣的。

柱面主要用a、b、m、h表示，底面是c，錐面的符號則各不相同。以立方晶系為例，o{111}、d{110}、n{211}、e{210}都是很常見的表示法。

表V.4顯示主要的晶面符號與晶面指數，以及以此記錄的礦物範例。

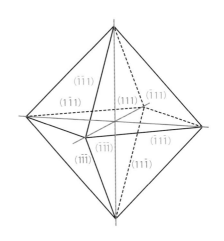

黑線是正八面體的晶體繞射圖，粉線則是晶軸。藍字為面前可見晶面的晶面指數，綠字是後面看不到的晶面的指數。這些晶面全部等價，所以可標記成{111}。

▲(111)與{111}（圖V.11）

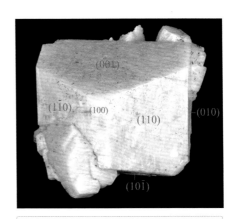

微斜長石屬於三斜晶系，所以它的$(1\bar{1}0)$跟(110)不等價，但由於它具有對稱中心，會與在(110)背面的$(0\bar{1}0)$旁邊看不到的晶面$(\bar{1}10)$等價，因此表記為$\{1\bar{1}0\}$。

▲微斜長石（宮崎縣延岡市上祝子）的晶體（圖V.12）

晶面符號	晶面指數	礦物範例
a	(100)	黃鐵礦、方鉛礦、赤銅礦（立方晶系六面體面）；其他柱面
	(11$\bar{2}$0)	剛玉、綠柱石、電氣石、堇青石（三方與六方晶系柱面）
b	(010)	黃鐵礦、方鉛礦、赤銅礦（立方晶系六面體面）；其他柱面
c	(001)	黃鐵礦、方鉛礦、赤銅礦（立方晶系六面體面）；其他底面
	(0001)	磁黃鐵礦、輝鉬礦、赤鐵礦、方解石、磷灰石、綠柱石（三方及六方晶系底面）
d	(110)	磁鐵礦、石榴石（十二面體菱形面）
	(101)	重晶石、硫酸鉛礦（錐面）
e	(210)	黃鐵礦（五角十二面體面）
	(101)	砷黃鐵礦、金紅石（錐面）
	(112)	白鎢礦、鋯石、符山石（錐面）
	(01$\bar{1}$2)	方解石（鉚釘頭形錐面）
f	(011)	黃玉（錐面）
k	(021)	橄欖石（錐面）
h	(210)	金紅石、錫石（柱面）
	(123)	白鎢礦（錐面）
i	(031)	異極礦（錐面）
m	(110)	金紅石、錫石、黃玉、紅柱石、鈉沸石（柱面）
	(210)	重晶石（柱面）
	(10$\bar{1}$0)	赤鐵礦、石英、磷灰石、綠柱石（柱面）
n	(211)	石榴石、方沸石（二十四面體面）；黝銅礦（錐面）
	(021)	正長石（錐面）
o	(111)	黝銅礦（三角面）；閃鋅礦、方鉛礦、磁鐵礦、鈉沸石（錐面）
	(22$\bar{1}$)	透輝石（錐面）
	(02$\bar{2}$1)	電氣石（錐面）
p	(101)	銳鈦礦、白鎢礦、鋯石、符山石、魚眼石（錐面）
	(112)	黃銅礦（三角面）
	(10$\bar{1}$2)	綠柱石（錐面）
r	(011)	普通角閃石（錐面）
	(10$\bar{1}$1)	辰砂、方解石、石英、菱沸石（菱面體面）；電氣石（錐面）
s	(111)	金紅石、錫石（錐面）
	(11$\bar{2}$1)	磷灰石（錐面）；石英（柱面與錐面之間的轉角面）
t	(301)	異極礦（錐面）
u	(11$\bar{1}$)	透輝石（錐面）
v	(12$\bar{1}$)	異極礦（錐面）
	(21$\bar{3}$1)	方解石（犬牙交錯形錐面）
w	(20$\bar{1}$)	藍鐵礦（錐面）
x	(211)	鋯石（錐面）
	(10$\bar{1}$1)	磷氯鉛礦（錐面）
y	(021)	黃玉（錐面）
	(111)	硫酸鉛礦（錐面）
	(20$\bar{1}$)	正長石（錐面）
z	(021)	透輝石（錐面）
	(01$\bar{1}$1)	石英（錐面）

▲晶面記號、晶面指數與礦物範例（表 V.4）

2. 原子組態與對稱

原子組態

　　直到20世紀以後，我們才真正了解礦物的原子組態。1985年發現X光（侖琴射線，W.C. Röntgen）後，勞厄（M. T. F. von Laue）在1912年發現用X光照射晶體會引發繞射現象，到1913年之後，布拉格父子（W. H. Bragg與W. L. Bragg）——訂定出實際的原子組態，從而為近代礦物學揭開序幕。

　　1914年勞厄得到諾貝爾獎，為紀念其獲獎100週年，人們將2014年定為國際結晶年，並舉辦了各式各樣的活動。

　　岩鹽（NaCl）是布拉格（W. L. Bragg）最初分析時所定下的原子組態。原子以球體表示，球比較小的是Na（鈉），較大的則是Cl（氯）（圖V.13）。

　　外側的方形格子代表單位晶格。在這個例子中，單位晶格呈立方體形（岩鹽屬於立方晶系）。圖中立方體的各個頂點為Na，同時每一個晶面的中心也是Na。Cl則是配置在每一個Na的中間。

　　另外，從這張圖可看出，即使Na跟Cl的位置互換也完全相同。這些單位晶格以三維的方式連接在一起，形成一個巨大的晶體。

　　不曉得各位知不知道這些單位晶格含有多少的Na與Cl呢？Na位於8個頂點，不過這個位置由8個晶格共用，所以不能以1個計算，而是$\frac{1}{8}$個。因此頂點的Na總共是$8 \times \frac{1}{8} = 1$，也就是1個。位於晶面中心的Na則是因為有兩個晶格共用而算$\frac{1}{2}$個，這個晶體裡一共有6個，所以算出來是$6 \times \frac{1}{2} = 3$個。綜上所述，共計4個Na。

外側藍線是單位晶格，單位晶格的單邊長為5.640Å（0.5640nm）。

▲ 岩鹽的晶體結構（圖 V.13）

由於其化學結構是NaCl，因此Cl數量當然跟Na一樣為4個，不過我們可以試試憑藉這張圖來計算。晶格中央的Cl不與其他晶格共用，所以是1個。各邊長中心的Cl則是有4個晶格共用，於是算¼個。這總共有12個，因此12×¼＝3個，總共加起來有4個。換句話說，4個NaCl分子組成了單位晶格（單位晶格裡的分子數為4），我們將其以Z=4來表示。

接下來，讓我們瞧瞧構成元素較多的方解石（$CaCO_3$）原子組態吧。這套分析也是布拉格（W. L. Bragg）在初期階段完成的，結果顯示其排列方式如圖V.14所示。

方解石屬於三方晶系，所以可採用菱面體晶格或六方晶格。圖中顯示的是菱面體晶格Z數為4的類型。各位不覺得它與先前的岩鹽組態很像嗎？Na被Ca（鈣）所取代，Cl則是換成[CO_3]，外形則呈現有點歪斜的立方體。[CO_3]是碳酸鹽離子原子群，其三角形頂點有3個O（氧），C（碳）則位於中心部位。

上述這種晶格的形狀跟方解石解理片的形狀一模一樣（圖V.15），很容易理解，不過實際的方解石單位晶格Z數取值較小（2），呈現出細長的菱面體晶格。另外，若取六方晶格，則Z數為6。

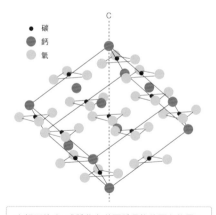

方解石的Ca球體位在菱面體晶格的面心位置，也就是(CO_3)的三角形中心與每條稜線中間。跟圖V.13的岩鹽比起來，這張圖只是圖形關係為Na（黑點）＝Ca，Cl（紅球）＝(CO_3)，且晶格外形不同而已。

▲方解石的晶體結構（圖V.14）

▲方解石的解理片（產地：墨西哥）（圖V.15）

如上所述，所有晶體都各有自己獨特的單位晶格（其類型與大小）和 Z 數。晶格類型的基本資訊等同於本章第 1 節〈結晶的形狀與對稱〉的「晶軸」項目介紹，而單位晶格擁有實際的長度（連帶單位）。

舉例來說，岩鹽晶體形態上的晶軸只是 $a=b=c$，但晶體結構上的單位晶格會以 $a=b=c=5.640Å$（0.5640nm）來表示其實際大小。

像這樣顯示實長的是**晶格常數**，立方晶系只以數值 a 來表示，正方晶系寫作 a 跟 c，六方與三方晶系也是 a 與 c（在取三方晶系裡的菱面體晶系時，也會以 a 與 $α$ 來表示），直方晶系為 a、b、c，單斜晶系是 a、b、c 與 $β$，三斜晶系則是 a、b、c 和 $α$、$β$、$γ$。

只在單位晶格的 8 個頂點存在晶格點（亦可當作原子或分子）的晶格名叫**簡單晶格**。過去布拉菲（A. Bravais）從三維平移操作（平行移動）中導出 7 大晶系的對稱性與相對應的 14 個獨立晶格（空間晶格）。這就是所謂的**布拉菲晶格**。

晶格的種類除了**簡單晶格**（符號 P，菱面體晶格時則為 R）以外，還有**底心晶格**（符號 A、B 或 C）、**面心晶格**（符號 F）與**體心晶格**（符號 I）三種；底心晶格是在相對的兩個晶面中心有等價的晶格點（以下簡稱等價點），面心晶格是所有晶面中心都有等價點，體心晶格則是連晶格中心都有等價點（圖V.16）。

表V.5顯示出各個晶系裡能存在哪些晶格。從岩鹽的原子組態來看，可知 Na 的排列屬於面心晶格型。因為不管那個軸向都可以，所以若把晶格原點（例如圖左下前方）平移½，就能證實 Cl 也會呈現相同的面心配置。

	P	F	I	C	R
立方	◎	◎	◎		
正方	◎		◎		
六方與三方	◎				◎
直方	◎	◎	◎	◎	
單斜	◎			◎	
三斜	◎				

▲ 布拉菲晶格與晶系的關係（表 V.5）

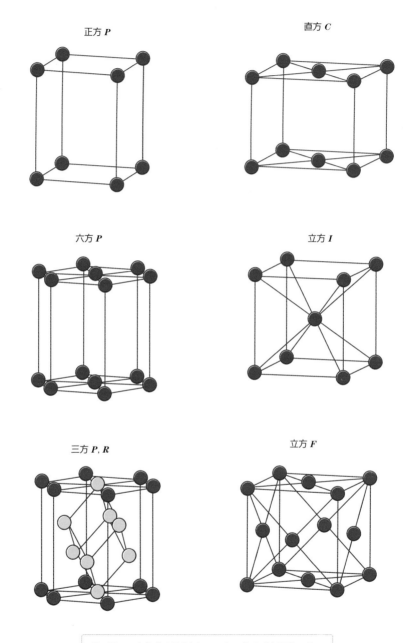

正方 P

直方 C

六方 P

立方 I

三方 P, R

立方 F

圖示說明了布拉菲晶格的例子,可知三方晶系有兩種取法。

▲ 布拉菲晶格範例（圖 V.16）

原子組態特有的對稱性

對稱性不僅可以在晶形上看到，透過伴隨平移的某個操作，便能在實際的原子組態上看到等價點的週期性重複模式。

比如說，假設將原子旋轉180度，並平移單位晶格長度（單位長）的$\frac{1}{2}$後，會得到等價的原子。如果不斷重複執行「再旋轉原子180度，往相同方向平移$\frac{1}{2}$單位長」的操作，便會顯現如圖V.17般的原子排列方式。

這種對稱軸稱為**螺旋軸**，這種情況則稱作**二次螺旋軸**（符號2_1）。除此之外，還有旋轉120度且平移$\frac{1}{3}$單位長的**三次螺旋軸**（符號3_1、3_2、圖V.18），以及**四次螺旋軸**（符號4_1、4_2、4_3）、**六次螺旋軸**（符號6_1、6_2、6_3、6_4、6_5）。三次、四次與六次螺旋軸有分右旋（3_1、4_1、6_1、6_2）和左旋（3_2、4_3、6_4、6_5）兩種。

4_1跟4_3是旋轉90度、平移$\frac{1}{4}$，4_2則是成對旋轉90度並平移$\frac{1}{2}$。6_1與6_5是旋轉60度、平移$\frac{1}{6}$，而6_2和6_4成對旋轉60度且平移$\frac{1}{3}$，6_3則表現出成三旋轉60度及平移$\frac{1}{2}$的關係。

還有一種對稱要素是滑移鏡射——鏡面反射的同時平移。這也是一種對稱操作的方式，分為滑移面（符號a往a軸軸向平移$\frac{1}{2}$、符號b往b軸軸向平移$\frac{1}{2}$、符號c往c軸軸向平移$\frac{1}{2}$，圖V.19）、對角滑移面（符號為n，如：朝a軸軸向平移$\frac{1}{2}$後，再往b軸軸向平移$\frac{1}{2}$）、金剛石型滑移面（符號為d，如：朝a軸軸向平移$\frac{1}{4}$後，再往b軸軸向平移$\frac{1}{4}$）。

透過點群、布拉菲晶格、螺旋軸和滑移面的組合，最終誕生了230種模式，統稱**空間群**。

表示空間群的符號有兩種寫法：向夫立表記法與赫曼－摩根表記法，近年主要都是採用赫曼－摩根的符號（國際符號）。

符號一開始先寫出晶格的種類（P、R、A、B、C、F、I），後頭再加上點群符號或螺旋軸、滑移面的符號。以岩鹽來說，由於是面心晶格而以F當開頭，加上其所屬點群的符號$m3m$，寫作$Fm3m$（或是因為有對稱中心而寫成$Fm\overline{3}m$）。

開頭的m表示主軸為四次對稱軸，且有與其垂直的鏡面。後面的3或則代表主軸以外的方向有三次對稱軸或三次旋反軸（這是立方晶系的必備條件），接下來的m則指主軸以外的方向有二次對稱軸，以及與其垂直的鏡面。這在點群上稱作**立方晶系全面像**（對稱要素最多）。接著我們來了解一下擁有螺旋軸或滑移面符號的例子——重晶石（圖V.20）。

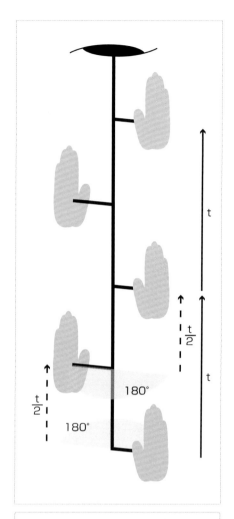

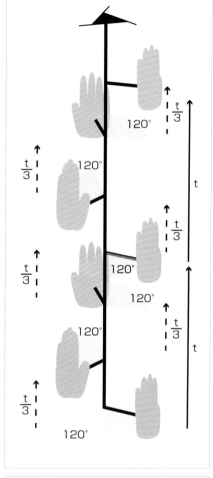

將其旋轉180°，再移動至單位長的$\frac{1}{2}$後，會出現同樣的圖案。不斷重複進行這項操作的對稱軸稱為**二次螺旋軸**（符號2_1）。

▲ 螺旋軸範例：二次螺旋軸（圖 V.17）

將其旋轉120°，再移動至單位長的$\frac{1}{3}$後，將出現同樣的圖案。再次旋轉120°，並移動至單位長的$\frac{1}{3}$，出現同樣的圖案，然後再做一次同樣的操作，整個圖樣就轉了一圈。不斷重複進行這項操作的對稱軸叫作**三次螺旋軸**，有分右旋與左旋，並以符號3_1和3_2來區分。此圖為3_2。

▲ 螺旋軸範例：三次螺旋軸（圖 V.18）

※圖 V.17～18係參考Dyar等人的著作（2008）繪製。

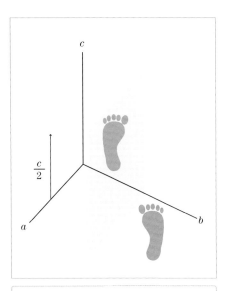

前進半步以映射鏡面——這種操作名叫滑移鏡射,有很多種類型。此圖有一個與b軸垂直的鏡面,右腳朝c軸軸向前進半步後,會在鏡面內側以左腳出現。這種鏡面稱為滑移面(此圖是**c滑移面**)。

▲滑移面範例:c滑移面(圖V.19)

這是近似立方體的重晶石晶群,產於蝕變後的火山岩空隙之中。福島縣豬苗代町沼尻出產。

▲重晶石(圖V.20)

這個晶體是屬直方晶系、點群為mmm的全面像,空間群$Pnma$是在晶體形態(晶體繞射圖)(圖V.21)上很常見的取法。

不過要是採用直方晶系的推薦晶軸取法(以最長的晶軸為b,次之為a,最短的是c),空間群就會變成$Pbnm$。

只是將前者的a,b,c改成b,c,a而已,就算改變空間群符號,實質上也是一樣的。$Pbnm$的P代表簡單晶格,下一個b是呈a軸軸向的二次旋反軸和與其垂直的b滑移面,接下來的n是呈b軸軸向的二次旋反軸及與其垂直的n滑移面,最後的m則是呈c軸軸向的二次旋反軸跟與其垂直的鏡面。

就像點群把$2/m2/m2/m$省略簡寫成mmm一樣,空間群也是將$2_1/b2_1/n2_1/m$省略為bnm。

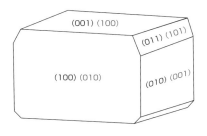

(001)(100)

(011)(101)

(100)(010)

(010)(001)

沼尻出產的重晶石不僅可以觀察到近似立方體的晶面,還能看到一部分的斜角橫切面。此為稍微強調這一點所繪製的晶體繞射圖。黑字是用之前的晶軸取法算出來的晶面指數,紅字是以直方晶系的推薦晶軸取法算的晶面指數。

▲重晶石的結晶圖(圖V.21)

MEMO

第 VI 章

簡易礦物化學

1. 原子與元素

　　原子是一種由電子雲構成的非常細微的粒子，電子雲則是由原子核及其周圍遍布的電子（帶一個電荷）組成。初估原子的半徑僅為約千萬分之一mm，**原子核**甚至更小，其半徑大概只有原子半徑的萬分之一左右。

　　原子核的主要成分是**質子**（帶正極的電荷）和**中子**（電中性）。電子雲內的電子與質子數量相同，整個原子呈電中性（圖VI.1）。

　　中子的數量不一定跟質子一樣。原子序代表質子的數量，原子序加中子數即為**質量數**。

　　比如說，原子序6的碳有6、7、8個中子，把質量數記在元素符號的左上角後，就變成 ^{12}C、^{13}C、^{14}C。類似這種「質子數相同而中子數不同」的情況叫作**同位素**。同位素分成兩種：不會發生核衰變的穩定同位素（碳為 ^{12}C、^{13}C），以及發生核衰變後會放出輻射的放射性同位素（亦稱「幅射性同位素」）（碳為 ^{14}C）。

　　原子就是這樣的一種物質——它是可以一一數出來的具體物質，而元素則是標示其種類的抽象代稱，我們會以元素符號來表示。以礦物來比喻的話，感覺大概像是把礦物名稱中的石英看作元素，然後標本箱裡面的實體石英則是原子這樣（圖VI.2）。

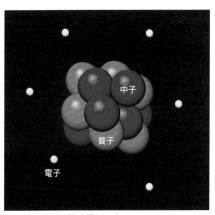

▲原子的模型結構（圖VI.1）

中子

質子

電子

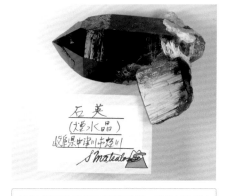

石英（煙晶）標本是實體的物質，標籤上的「石英（煙晶）」則是概念上的稱呼。

▲石英與標籤（圖VI.2）

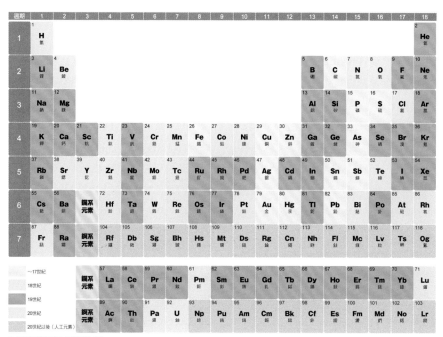

週期	1	2	3	4	5	6	7	8	9	10	11	12	13	14	15	16	17	18

▲元素發現史（圖 VI.3）

　　接下來讓我們簡單介紹一下元素週期表，圖 VI.3 的週期表顯示出元素的發現史。

　　天然存在的元素大多是從礦物裡發現的，不少元素都是用發現地等訊息來命名。

　　舉例來說，鍶（Sr）是從蘇格蘭一個名為 Strontian 的村莊所出產的礦物中發現的，元素名為鍶，其來源礦物則被命名為菱鍶礦（strontianite，$SrCO_3$）（圖 VI.4／圖 VI.5）。

　　這邊列出的**元素週期表**（也簡稱**週期表**）是現在最常見的形式（**32 列週期表**，又稱**長式週期表**）。**週期律**一開始是門得列夫（Dmitri Mendeleev）發現的，當時以為「元素的性質呈現隨原子量順序所產生的週期性變化」，但後來根據莫斯理（Henry G. J. Moseley）的特性 X 線研究和波耳（Niels H. D. Bohr）的原子結構理論，確定賦予元素排序的是原子序，而週期律則改成「元素的性質呈現隨原子序順序所產生的週期變化」。

245

說到這，2016年是劃時代的一年，這一年，在日本發現的113號元素被正式認定元素名為**「鉨」（Niobium，Nh）**。1908年時，小川正孝曾以為自己發現了43號元素（現在的鎝）並為其命名「nipponium」，不過後來發現只是誤會，所以這個元素名就被刪除了。在長式週期表上，族（表格最上面的編號，從1到18）縱向排列，週期（左側的編號，從1到7）橫向排列。原則上，上述兩者的交會處便是一個元素，不過第6週期與3族的交會處是從鑭（La）到鎦（Lu）的15個元素（這些元素統稱鑭系元素），第7週期與3族的交會處則是從錒（Ac）到鐒（Lr）的15個元素（統稱錒系元素）。

納入各週期（n）的元素數量是2n²個。這個數量等於每個電子殼層（K、L、M、N、O、P、Q）內可容納的電子數，n被稱為**量子數**（主量子數）。關於電子殼層，我們將在下一節〈電子的功用〉中說明。

在礦物顏色介紹裡出現的過渡元素，包括了從3族到11族（有時還會加上12族）裡的所有元素。因為它們全是金屬元素，所以也被稱作**過渡金屬**。跟實際的礦物顏色有密切關係的，主要是第4週期的鈦（Ti）、釩（V）、鉻（Cr）、錳（Mn）、鐵（Fe）、鈷（Co）、鎳（Ni）和銅（Cu）。而3族的鈧（Sc）、釔（Y）再加上鑭系元素，這總共17種的元素統稱**稀土金屬**。

除了過渡元素以外，12族有時被歸入典型元素裡、有時又被撇除在外。在典型元素裡，1族稱為鹼金屬（氫除外），2族稱作鹼土金屬，15族是氮族，16族為氧族，17族叫作鹵素，18族則名為**鈍氣**。**外圍電子**的數量決定了離子的價電子數，所以外圍電子亦稱**價電子**；外圍電子是價電子的元素被稱為**典型元素**，其他則是**過渡元素**。

之後會在下一節介紹有關過渡元素的詳細說明。

▲菱鍶礦的露頭
　蘇格蘭，斯特朗申村（Strontian）（圖 Ⅵ.4）

▲從露頭採集的菱鍶礦（淡黃綠色）標本（圖 Ⅵ.5）

2. 電子的功用

原子的質量如下：質子$1,672×10^{-27}$kg，中子$1,674×10^{-27}$kg，電子$9,109×10^{-31}$kg。原子質量的99.9%以上都在原子核裡，而原子的總容量則建立在**電子雲**上（原子核幾乎全被電子雲包圍），所以電子決定了原子的性質和反應。

尤其最外圍電子的狀態與礦物的性質有很大的關係。前面多次提到「離子」，關於這點，我們再稍微詳細說明一番。

從原子裡拿掉電子會變成**陽離子**，添加電子則變成**陰離子**。在陽離子的狀態下，電子會變少，其尺寸也稍微縮小幾分；陰離子的電子則是會微微膨脹一點。我們會用**離子半徑**來表示離子在這種狀態下的大小。

舉例來說，假設矽失去4個電子變成Si^{4+}，處於被4個氧包圍的狀態（在矽酸鹽礦物上可看到四面體的頂點是氧，核心為矽），那麼矽的離子半徑約略是1億分之4 mm。

若以岩鹽為例，鈉失去1個電子後呈Na^{1+}的狀態，它的周遭被6個氯包圍，其離子半徑約為1億分之11mm；而氯離子得到1個電子後呈Cl^{1-}的狀態，其半徑約為1億分之18mm。

當然，失去更多電子的原子（正價增加），其離子半徑也會更小。

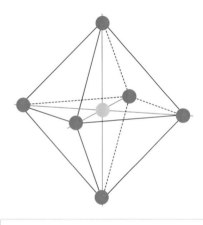

正中心的原子受到好幾個別的原子包圍。此圖畫的是被其他6個原子包圍，外形呈正八面體的粒子。以礦物來說，中心的原子有鎂（Mg）、鋁（Al）、鈦（Ti）、釩（V）、鉻（Cr）、錳（Mn）、鐵（Fe）等好幾種類，周圍則通常是氧（O）、氟（F）、羥基（OH）這類容易帶負電荷的原子。

▲配位（圖 Ⅵ.6）

像是鐵，如果其周圍陰離子的數量和形狀相同，那麼 Fe^{2+} 的半徑便比 Fe^{3+} 小。

以鐵-6O（由6個氧組成的八面體，中心為鐵，名叫**六配位鐵**）（圖Ⅵ.6）為例，Fe^{3+}-6O 就比 Fe^{2+}-6O 小12%左右。假如我們把那些礦物中採六配位的常見主要元素由大到小排列其離子半徑，則 $K^{1+}>Na^{1+}>$ $Ca^{2+}>Mn^{2+}>Fe^{2+}>Zn^{2+}>Li^{1+}>Cu^{2+}>Mg^{2+}>$ $Mn^{3+}\geqq Fe^{3+}>Ti^{4+}>Al^{3+}$。在考量原子組態上，離子半徑算是一大要素。

電子雲裡的電子不會散落各地，畢竟存在電子的地方是固定的。這個地方稱作**電子殼層**，自離原子核最近的位置開始，這些電子殼層藉由以K為始的字母順序命名，如K殼層、L殼層、M殼層、N殼層⋯⋯等等。

此外，各個電子殼層中能容納的電子數（配額）都是已經決定好的。這個數量可用前面提到的 $2n^2$ 公式來表示，n包括1（K殼層）、2（L殼層）、3（M殼層）⋯⋯這些正整數。

電子殼層分成很多個軌域，而電子會進入這些軌域裡面。各位可以試著想像一下，這就像是一棟有好幾層樓的大樓公寓，裡面層層布滿名為軌域的房間（圖Ⅵ.7）。

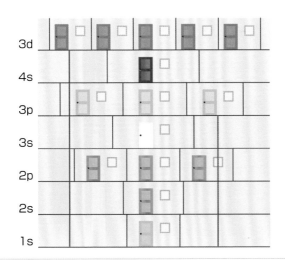

3d

4s

3p

3s

2p

2s

1s

此圖將電子軌域比作大樓公寓。雖說房間裡備有兩張床，但一個人也可以入住。順序從底下的樓層開始計算。

▲電子殼層的軌域（圖Ⅵ.7）

每個房間都是只能容納兩個電子的雙人房（單人亦可）。這棟電子公寓的一樓（K殼層）只有一個房間，一樓的配額最多兩人。這個房間被稱為**1s軌域**。L殼層佔據二樓跟三樓，二樓有1個s軌域的房間，三樓則有3個p軌域的房間，分別取作**2s**和**2p**。

到M殼層就稍微有點複雜了。四、五樓分別是3s軌域的1個房間和3p軌域的3個房間，不過M殼層所擁有的5個3d軌域房間不在接下來的六樓，而是更高一層的七樓。N殼層4s軌域的1個房間則下移至六樓。

電子有從附近能量較低（穩定）的軌域開始依序進入原子核的規則，而3d軌域的能量高於4s軌域，所以才會發生這種倒轉現象。

因此，在兩個電子進入N殼層的4s軌域之後，下一個電子便會進入內側M殼層的3d軌域。

綜上所述，後加入的電子跑進內側電子殼層，這種元素即稱**過渡元素**（變成離子時，內側殼層的電子以價電子釋放）。電子進入內側d軌域的元素則叫**d區過渡元素**，除了鑭系和錒系元素以外，從3族到11族（從鈧到金共26種）的所有元素都含括在內，這裡頭有很多會影響礦物顏色的元素。

透過以上的說明，我們可以發現電子大樓公寓的規則是「從比較容易進入（所需能量更少）的低樓層開始居住」。

如果使這個d軌域處於周圍有其他原子的狀態（晶場），那麼在平時周遭什麼也沒有的狀態下簡併的能階就會分裂，並且吸收可見光的波長能量，使基態電子轉移到激發態的軌域之中（圖Ⅵ.8a／Ⅵ.8b）。

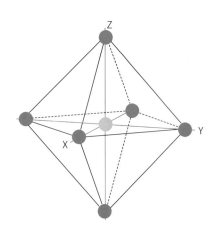

中心有d電子的原子以八面體的形式被其他原子包圍，這種狀態在礦物裡面相當常見。

▲八面體晶場（圖 Ⅵ.8a）

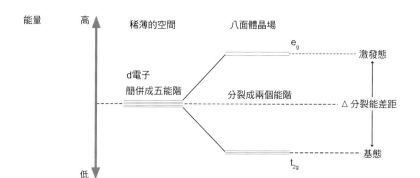

能量　高　　　稀薄的空間　　　　八面體晶場

　　　　　　　　　　　　　　　　　　　eg
　　　　　　　　　　　　　　　　　　　　　　　　激發態

　　　　d電子
　　　　簡併成五能階　　　分裂成兩個能階　　　　△ 分裂能差距

　　　　　　　　　　　　　　　　　　　　　　　基態
　　　低　　　　　　　　　　　　　　t2g

此為d電子能量狀態的示意圖。其電子在稀薄的空間中簡併成一個能階（圖中為了便於理解，用5條間距較小的線表示），若把這個電子放在八面體形狀的場域之中，它就會分裂成兩個能階——三個基態（t_{2g}）、兩個激發態（e_g）。△表兩者之間的差距。在其他形式的晶場裡，△的值、基態和激發態的電子軌域種類都會發生變化。

▲晶場示例（d軌域遷移）（圖 Ⅵ.8b）

　　因此，沒有被吸收的波長就會在礦物上顯色。這種d軌域之間的轉移名叫 **d軌域遷移（d-d transition）**。

　　能階差之類的數據會依周圍原子的數量（配位數）、價數、與過渡金屬間的距離、配位的形態和對稱性等因素而變動。所以即使含有相同的元素，也有可能呈現出不同的顏色。

　　例如微量的鉻（Cr）在剛玉內呈紅色，在綠柱石中則呈綠色，這是由於鉻進入的晶場不同所導致。像這樣，電子在礦物的結構和顏色等方面上有很大的決定作用。

3. 構成礦物的主要元素

　　說到這，從比元素週期表中的鈾（U）多一個原子序的93號鎿（Np）到118號的气奧（Og）都是人工合成的元素，這些元素也被稱為**超鈾元素**。礦物中當然不含這些元素。然而，即使屬於天然存在的元素，也有很多元素無法成為組成礦物的主要元素（圖Ⅵ.9）。

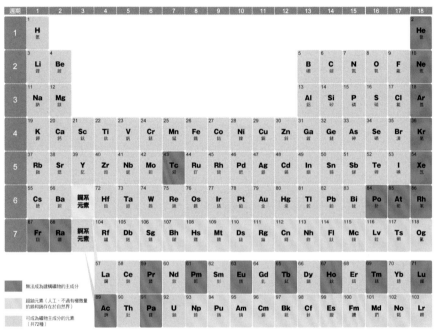

▲ 元素週期表（作為礦物主成分的元素與無法成為主成分的元素）（圖 Ⅵ.9）

　　43號的鎝（Tc）是第一個人造元素，在大自然中存在極為少量，且所有的同位素都是放射性元素。同樣地，61號鉕（Pm）的同位素也都是放射性元素，而且半衰期非常短，幾乎不太會自然生成。再來，那些所有同位素都是放射性，且半衰期極短、天然存在的數量很低的元素還有84號的釙（Po）、85號砈（At）、87號鍅（Fr）、89號錒（Ac）與91號鏷（Pa）。18族的純氣在天然的條件下不會形成化合物（因此過去

也被稱為**惰性氣體**，但現在可以人工製造這種元素，所以就不再使用這個稱呼）。除了上述元素以外的79種元素都是礦物的組成元素，在扣除那些少到無法表示在化學式上的微量元素後，底下列表所列的72種元素即為構成礦物的主要元素。

再扣掉鎵、釕、銠、鈀、釓、鏑、鉺、鉿、鐿、錸、鋨這些極其稀少的元素（組成礦物種類少於10以下）以後，其總數縮減到61種。

若用重量來表示構成地殼的主要元素，就會像第I章的圖I.1「地殼的元素含量（重量百分比）」一樣，光氧跟矽就幾乎佔據了整體的四分之三。

換言之，可說石英（SiO_2）與由剩下的鋁、鐵、鈣、鈉、鉀、鎂，還有重量較輕、容量較大的氫所組成的矽酸鹽礦物（長石、似長石、雲母、角閃石、輝石、橄欖石）建構了大部分的地殼。

雖說硼、碳、磷、硫等元素被歸類在只有1.5%的「其他」類別裡面，但這些元素在礦物種上的存在數量卻非常多。目前（2021年1月）已知主成分為矽的礦物約有1,620種，相較之下，硼礦（主要為硼酸鹽）是300種，碳礦（主要為碳酸鹽）440種，磷礦（主要是磷酸鹽）670種，硫礦（主要是硫化物和硫酸鹽）則有1,200種。

只是上述的種數會被分別計算，比如含有磷和硫等多種元素的礦物，所以數量上是有重複的。

第VI章 ◆ 簡易礦物化學

氫（H）、鋰（Li）、鈹（Be）、硼（B）、碳（C）、氮（N）、氧（O）、氟（F）、鈉（Na）、鎂（Mg）、鋁（Al）、矽（Si）、磷（P）、硫（S）、氯（Cl）、鉀（K）、鈣（Ca）、鈧（Sc）、鈦（Ti）、釩（V）、鉻（Cr）、錳（Mn）、鐵（Fe）、鈷（Co）、鎳（Ni）、銅（Cu）、鋅（Zn）、鎵（Ga）、鍺（Ge）、砷（As）、硒（Se）、溴（Br）、銣（Rb）、鍶（Sr）、釔（Y）、鋯（Zr）、鈮（Nb）、鉬（Mo）、釕（Ru）、銠（Rh）、鈀（Pd）、銀（Ag）、鎘（Cd）、銦（In）、錫（Sn）、銻（Sb）、碲（Te）、碘（I）、銫（Cs）、鋇（Ba）、鑭（La）、鈰（Ce）、釹（Nd）、釤（Sm）、釓（Gd）、鏑（Dy）、鉺（Er）、鐿（Yb）、鉿（Hf）、鉭（Ta）、鎢（W）、錸（Re）、鋨（Os）、銥（Ir）、鉑（Pt）、金（Au）、汞（Hg）、鉈（Tl）、鉛（Pb）、鉍（Bi）、釷（Th）、鈾（U）

4. 化學鍵

　　礦物由眾多原子結合而成，其鍵結方式
主要為以下五種：

共價鍵

　　這種鍵結會互相分配電子來建立穩定
的電子組態（圖Ⅵ.10）。電負度（原子吸引
電子的能力）高，彼此同質的原子就很容易
形成共價鍵。鑽石（C的電負度2.55）和自
然硫（S的電負度2.58）即為其代表。

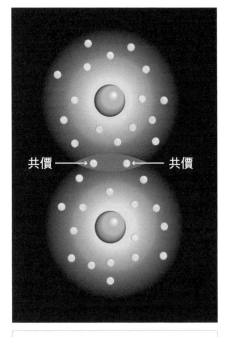

共價 ←———→ ●　　●　←———— 共價

藉由彼此共價電子來形成穩定的狀態。

▲ 共價鍵（圖 Ⅵ.10）

金屬鍵

　　這種鍵結裡的電子可以自由來去（圖 VI.11），是電力容易通過的良導體。電負度低且同質的原子很容易形成金屬鍵，代表的有自然鐵（Fe 的電負度 1.83）和自然銅（Cu 的電負度 1.11），不過這種鍵結的礦物種類並不多。

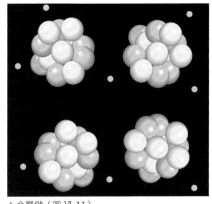

▲ 金屬鍵（圖 VI.11）

電子可自由來去。

離子鍵

　　舉例來說，假使 1 族鹼金屬釋放一個電子，帶有＋1 的電荷；而另一邊的 17 族鹵素則是獲得一個電子而穩定下來，帶有－1 的電荷。

　　那麼雙方就會因為帶電而結合（靜電引力）（圖 VI.12）。電負度差非常極端（＞2）的原子間的結合，最後形成離子鍵的可能性很高。

　　岩鹽（Na 和 Cl 的電負度分別是 0.93 和 3.16）就是一種典型的離子鍵礦物。

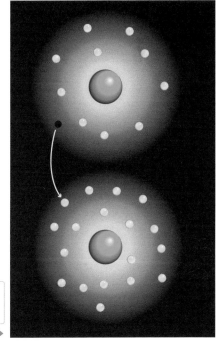

不同原子藉著傳遞或接收電子而變得穩定，並因靜電引力而連結在一起。

離子鍵（圖 VI.12）▶

氫鍵

　　水分子氧和鄰近的水分子氫會因微弱的靜電引力而鍵結（圖Ⅵ.13）。由於氧的電負度是 3.44，氫是 2.1，所以電子會被氧吸引，使其微帶負電荷，此時的氫則是反過來帶有些微正電荷，因而促使靜電引力發生作用。

　　這種現象可在含有 $(OH)^{1-}$ 的層狀矽酸鹽或含水分子的沸石中觀察到。

水分子氧和相鄰的水分子氫透過微弱靜電引力結合在一起。

▲氫鍵（圖 Ⅵ.13）

凡得瓦鍵

　　凡得瓦力是作用於電中性（靜電引力不起作用）的分子間，非常微弱的一種引力。主要可在分子晶體上見到以這種引力所形成的鍵結。

　　在礦物之中，石墨（圖Ⅵ.14）和層狀矽酸鹽礦物等解理明確的礦物，其夾層間亦受到凡得瓦鍵的影響。

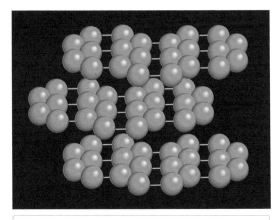

石墨的夾層面是共價鍵，所以相當穩固，但層與層之間的結合僅僅是由凡得瓦力所形成的弱連結。

▲凡得瓦鍵（圖 Ⅵ.14）

※圖 Ⅵ.7、圖 Ⅵ.10～ Ⅵ.14係參考 Dyar 等人的著作（2008）繪製。

硫結晶由 S_8 分子匯集而成。雖然 S_8 分子的外形呈環狀閉合，且 S 原子彼此屬於共價鍵，但分子與分子之間卻是仰賴凡得瓦鍵組成，連結力很弱。

　　上述鍵結不僅會單獨存在，還會以複合的方式影響礦物結構。從電負度這點來看，如果不同原子之間的電負度差距中等，那它的鍵結就會落在共價鍵和離子鍵的中間。

　　例如在硫化礦物中發現的 Fe-S 鍵，其共價鍵比例約為 85%；而矽酸鹽礦物裡發現的 Si-O 鍵的共價鍵比例大概是 50%。

　　此外，Mg-O 鍵的離子鍵特性較為明顯，共價鍵的比例則是降到 30% 左右。

　　如上所述，許多礦物都有在共價鍵和離子鍵之間折衷的性質。

　　鍵結的方式與物理性質也有很大的影響。比如說硬度，通常共價鍵比例高的礦物比較硬，而由典型離子鍵所組成的礦物，以及具氫鍵和凡得瓦鍵的礦物則是比較軟。

　　如果單純把單位體積（參照第 II 章〈硬度〉一項）差不多是 8.8 的石墨與圖 II.38「硬度－單位體積」對照，則其莫氏硬度甚至可以來到 8 左右，可是凡得瓦鍵對其造成的影響較大，因此它的硬度就會降低到 1～1½。儘管滑石的單位體積比螢石小，但它的硬度卻下調為 1。一般認為這應該是受到了氫鍵和凡得瓦鍵的影響。

　　相反地，單從單位體積來估算石英和鉀長石的話，其各自的硬度是 5½～6，不過因為它們不具備氫鍵或凡得瓦鍵，且共價鍵比例很高，所以實際硬度便略有提升。

MEMO

第VII章

在日本發現的新品種礦物

1. 什麼是新礦物？

我們習慣稱呼新品種的礦物為「新礦物」，英文則稱作「new mineral」。前面第Ⅱ章〈1. 礦物的種類與命名方式〉雖有稍微提到一些，但這裡我們會再更詳細地說明一番。

1959 年成立的「國際礦物學協會」內設立了「新礦物與礦物名委員會」，該委員會所認可的新種礦物就是「新礦物」。這個委員會在 2006 年更名為「新礦物命名分類委員會」，並一直運作至今。要成為「新礦物」，必須向委員會提出他們所要求的資料，並獲得 2/3 以上各國委員的同意。從委員會成立以前就為人所知，而且就算按委員會的規定檢視也會被認定為「有效物種」（valid species）（亦名獨立物種）的礦物大概有 1,130 種。如今截至 2021 年 3 月，有效物種的數量是 5,703 種，因此差不多 62 年的時間裡，約略有 4,570 種的礦物獲委員會認可為「新礦物」。

在日本，有相當多的礦物在委員會成立之前就已經被賦予了各式各樣的新種名，但目前作為「有效物種」保留下來的僅存 8 種（表Ⅶ.1）。1959 年到 1960 年前期發表（在審查制度以前寫成論文投稿，或是因審查習慣還不普及而未經審查就發表）的「新物種」中，也有委員會事後才認定其為「新礦物」的例子。在日本則有脆硫鉍礦、水磷鈾礦、矽鈦錳鎘石及斜矽錳石等等。

	發表年份	中文名	學名	化學式	原產地
1	1922	鈮釔鈾礦（石川石）	Ishikawaite	$(Fe,U,Y)NbO_4$	福島縣石川町
2	1934	鈣錳礦（轟石）	Todorokite	$(Na,Ca)_{1-x}(Mn,Mg)_6O_{12}\cdot3H_2O$	北海道轟礦山
3	1936	碲銅礦（手稻石）	Teineite	$CuTeO_3\cdot2H_2O$	北海道手稻礦山
4	1938	釔矽磷灰石（阿武隈石）	Britholite-(Y)	$(Y,Ca)_5(SiO_4,PO_4)_3(OH,F)$	福島縣川俣町水晶山
5	1950	鈦稀金礦（河邊石）	Kobeite-(Y)	$Y(Zr,Nb)(Ti,Fe)_2O_7$	京都府京丹後市河邊
6	1952	鋁鈣沸石（湯和原沸石）	Yugawaralite	$Ca_2(Al_4Si_{12}O_{32})\cdot8H_2O$	神奈川湯河原町
7	1954	副砷鐵礦	Parasymplesite	$Fe_3(AsO_4)_2\cdot8H_2O$	大分縣木浦礦山
8	1956	大隅石	Osumilite	$(K,Na)(Fe,Mg)_2(Al,Fe)_3(Si,Al)_{12}O_{30}$	鹿兒島縣垂水市咲花平
9	1959	脆硫鉍礦（生野礦）	Ikunolite	$Bi_4(S,Se)_3$	兵庫縣生野礦山
10	1959	水磷鈾礦（人形石）	Ningyoite	$(U,Ca)_2(PO_4)_2\cdot1-2H_2O$	岡山縣人形峠礦山
11	1961	鋁銅鉛礬（尾去澤石）	Osarizawaite	$PbCuAl_2(SO_4)_2(OH)_6$	秋田縣尾去澤礦山
12	1961	矽鈦錳鋇石（吉村石）	Yoshimuraite	$(Ba,Sr)_4Mn_4Ti_2(Si_2O_7)_2$ $[(P,S,Si)O_4]O_2(OH)_2$	岩手縣野田玉川礦山
13	1962	絲狀鋁英石（芋子石）	Imogolite	$Al_2SiO_3(OH)_4$	熊本縣人吉市
14	1963	斜矽錳石（園石）	Sonolite	$Mn_9(SiO_4)_4(OH,F)_2$	京都府園礦山
15	1964	硼錳石（神保石）	Jimboite	$Mn_3(BO_3)_2$	栃木縣加蘇礦山
16	1965	銦黃錫礦（櫻井礦）	Sakuraiite	$(Cu,Fe,Zn)_3(In,Sn)S_4$	兵庫縣生野礦山
17	1967	錳鈉鉀石（萬次郎石）	Manjiroite	$(Na,K)(Mn^{4+},Mn^{3+})_8O_{16}$	岩手縣小晴礦山
18	1967	鈣毛沸石	Erionite-Ca	$Ca_4K_2(Al_{10}Si_{26}O_{72})\cdot30H_2O$	新潟縣新潟市間瀬
19	1968	四方纖鐵礦	Akaganeite	$(Fe^{3+},Ni^{2+})_8(OH,O)_{16}Cl_{1.25}\cdot nH_2O$	岩手縣赤金礦山
20	1969	黃鐵銅礦（福地礦）	Fukuchilite	$(Cu,Fe)S_2$	秋田縣花輪礦山
21	1969	鋅黃錫礦	Stannoidite	$Cu_8(Fe,Zn)_3Sn_2S_{12}$	岡山縣金生礦山
22	1969	斜方藍輝銅礦（阿仁礦）	Anilite	Cu_7S_4	秋田縣阿仁礦山
23	1969	鐵錳鈉閃石（神津閃石）	Mangano-ferri-eckermannite	$NaNa_2Mn^{2+}_4(Fe^{3+},Al)$ $Si_8O_{22}(OH,F)_2$	岩手縣田野畑礦山
24	1970	硒碲鉍礦（河津礦）	Kawazulite	Bi_2Te_2Se	靜岡縣河津礦山
25	1970	銻雌黃（若林礦）	Wakabayashilite	$[(As,Sb)_6S_9][As_4S_5]$	群馬縣西牧礦山
26	1970	水矽釔石（飯盛石）	Iimoriite-(Y)	$Y_2(SiO_4)(CO_3)$	福島縣川俣町房又・水晶山
27	1971	塔錳礦（高根礦）	Takanelite	$(Mn^{2+},Ca)Mn^{4+}_4O_9\cdot3H_2O$	愛媛縣野村礦山
28	1972	蝕薔薇輝石（南部石）	Nambulite	$(Li,Na)Mn^{2+}_4Si_5O_{14}(OH)$	岩手縣舟子澤礦山
29	1972	鈉插晶沸石	Lévyne-Na	$Na_6(Al_6Si_{12}O_{36})\cdot18H_2O$	長崎縣壹岐市長者原
30	1973	水鈣黃長石（備中石）	Bicchulite	$Ca_8(Al_8Si_4O_{24})(OH)_8$	岡山縣高梁市（備中町）布賀
31	1973	水矽鈦鍶石（青海石）	Ohmilite	$Sr_3(Ti,Fe^{3+})(Si_2O_6)_2$ $(O,OH)\cdot2-3H_2O$	新潟縣糸魚川市青海町
32	1974	自然釕	Ruthenium	Ru	北海道幌加內町雨龍川
33	1974	鍶矽鈉鈦石（奴奈川石）	Strontio-orthojoaquinite	$Sr_2Ba_2(Na,Fe^{2+})_2Ti_2Si_8O_{24}(O,OH)_2\cdot H_2O$	新潟縣糸魚川市青海町
34	1975	錳鋰雲母（馬蘇石）	Masutomilite	$KLiAl(Mn^{2+},Fe^{2+})(Si_3Al)O_{10}(F,OH)_2$	滋賀縣大津市田之上
35	1976	水碳銅礬（中宇利石）	Nakauriite	$Cu^{2+}\cdot CO_3\cdot H_2O$ $[Cu^{2+}_8(SO_4)_4(CO_3)(OH)_6\cdot48H_2O]$	愛知縣中宇利礦山
36	1976	鋰鈉大隅石（杉石）	Sugilite	$KNa_2(Fe^{3+},Mn^{3+},Al)_2Li_3Si_{12}O_{30}$	愛媛縣上島町岩城島
37	1977	氟碳矽鈣石（布賀石）	Fukalite	$Ca_4Si_2O_6(CO_3)(OH,F)_2$	岡山高梁市布賀
38	1977	斜錳輝石（加納輝石）	Kanoite	$(Mn^{2+},Mg)_2Si_2O_6$	北海道熊石町館平
39	1977	鈣斜髮沸石	Clinoptilolite-Ca	$(Ca,Na,K)_3(Al_6Si_{30}O_{72})\cdot20H_2O$	福島縣西會津町車峠
40	1978	五水錳礬（上國石）	Jokokuite	$Mn^{2+}SO_4\cdot5H_2O$	北海道上國礦山
41	1978	三方碲鉍礦（都茂礦）	Tsumoite	$BiTe$	島根縣都茂礦山
42	1980	英輝玄武岩（三原岩）	Miharaite	$Cu^{1+}_4Fe^{3+}PbBiS_6$	岡山縣三原礦山

發表年份		中文名	學名	化學式	原產地
43	1980	纖矽釩鋇石（長島石）	Nagashimalite	$Ba_4(V^{3+},Ti)_4Si_8B_2O_{27}Cl$ $(O,OH)_2$	群馬縣茂倉澤礦山
44	1980	水硼矽鈣石（大江石）	Oyelite	$Ca_5BSi_4O_{14}(OH)\cdot6H_2O$	岡山縣高梁市布賀
45	1981	磷鉛鈾礦（古遠部礦）	Furutobeite	$(Cu^{1+},Ag^{1+})_6PbS_4$	秋田縣古遠部礦山
46	1981	鋁黃長石（釜石石）	Kamaishilite	$Ca_8(Al_8Si_4O_{24})(OH)^8$	岩手縣釜石礦山
47	1981	褐碲鐵礦（欽一石）	Kinichilite	$Mg_{0.5}[(Mn^{2+},Zn)Fe^{3+}$ $(TeO_3)_3]\cdot4.5H_2O$	靜岡縣河津礦山
48	1981	鋇鎂脆雲母（木下雲母）	Kinoshitalite	$(Ba,K)(Mg,Mn^{2+},Al)_3$ $(Si_2Al_2)O_{10}(OH,F)_2$	岩手縣野田玉川礦山
49	1981	鈉魚眼石	Fluorapophyllite-(Na)	$NaCa_4Si_8O_{20}F\cdot8H_2O$	岡山縣山寶礦山
50	1981	矽鐵鎂鈉石（種山石）	Taneyamalite	$(Na,Ca)(Mn^{2+},Mg,Fe,Al)_{12}$ $(Si_6O_{17})_2(O,OH)_{10}$	熊本縣種山礦山、 埼玉縣岩井澤礦山
51	1981	錳綠纖石	Pumpellyite-(Mn2+)	$Ca_2(Mn^{2+},Mg)(Al,Mn^{3+})_2(SiO_4)$ $(Si_2O_7)(O,OH)_2H_2O$	山梨縣落合礦山
52	1982	矽釩鍶石（原田石）	Haradaite	$Sr_2V^{4+}_2O_2Si_4O_{12}$	鹿兒島縣大和礦山、 岩手縣野田玉川礦山
53	1982	矽釩鋇石（鈴木石）	Suzukiite	$Ba_2V^{4+}_2O_2Si_4O_{12}$	群馬縣茂倉澤礦山
54	1982	銨白雲母（砥部雲母）	Tobelite	$(NH_4,K)Al_2(Si_3Al)O_{10}(OH)_2$	愛媛縣砥部町扇谷 陶石礦山
55	1983	矽鋰鈣石（片山石）	Katayamalite	$KLi_3Ca_7(Ti,Zr)_2(SiO_3)_{12}(OH)_2$	愛媛縣上島町岩城島
56	1984	鉀鐵定永閃石（定永閃石）	Potassic-ferro-sadanagaite	$KCa_2(Fe^{2+},Mg)_3(Al,Fe^{3+})_2$ $(Si_5Al_3)O_{22}(OH)_2$	愛媛縣上島町弓削島
57	1984	鉀定永閃石（鎂鈣鹼閃石）	Potassic-sadanagaite	$KCa_2(Mg,Fe^{2+})_3(Al,Fe^{3+})_2$ $(Si_5Al_3)O_{22}(OH)_2$	愛媛縣今治市明神島
58	1985	鉬鐵礦（神岡礦）	Kamiokite	$Fe^{2+}_2Mo^{4+}_3O_8$	岐阜縣神岡礦山
59	1985	矽錳鋰鈉石	Natronambulite	$(Na,Li)Mn^{2+}_4Si_5O_{14}(OH)$	岩手縣田野畑礦山
60	1985	黃鋁錳礬（滋賀石）	Shigaite	$Mn^{2+}_6Al_3(OH)_{18}[Na(H_2O)_6]$ $(SO_4)_2\cdot6H_2O$	滋賀縣五百井礦山
61	1986	銨白榴石	Ammonioleucite	$(NH_4,K)AlSi_2O_6$	群馬縣藤岡市下日野
62	1986	逸見石	Henmilite	$Ca_2Cu^{2+}[B(OH)_4]_2(OH)_4$	岡山縣高梁市布賀礦山
63	1986	水碳釔鈣石（木村石）	Kimuraite-(Y)	$CaY_2(CO_3)_4\cdot6H_2O$	佐賀縣唐津市肥前町切子
64	1987	橙黃纖石	Okhotskite	$Ca_2(Mn^{2+},Mg)(Mn^{3+},Al,Fe^{3+})_2$ $(SiO_4)(Si_2O_7)O(OH)_2$	北海道國力礦山
65	1987	鍶鈉長石	Stronalsite	$SrNa_2Al_4Si_4O_{16}$	高知縣高知市蓮台
66	1989	硫錫鋅銅礦	Petrukite	$(Cu,Fe,Zn)_3(Sn,In)S_4$	兵庫縣生野礦山*
67	1989	單斜雪矽鈣石	Clinotobermorite	$Ca_5Si_6O_{17}\cdot5H_2O$	岡山縣高梁市布賀
68	1991	豐羽礦	Toyohaite	$Ag^{1+}(Fe^{2+}_{0.5}Sn_{1.5})S_4$	北海道豐羽礦山
69	1991	釕銥鋨礦	Rutheniridosmine	(Ir,Os,Ru)	北海道幌加內*
70	1993	和田石	Wadalite	$Ca_6Al_5Si_2O_{16}Cl$	福島縣郡山市多田野
71	1993	渡邊礦	Watanabeite	$Cu_4(As,Sb)_2S_5$	北海道手稻礦山
72	1994	三笠石	Mikasaite	$(Fe^{3+},Al)_2(SO_4)_3$	北海道三笠市奔別川
73	1995	草地礦	Kusachiite	$CuBi_2O_4$	岡山縣高梁市布賀礦山
74	1995	鈣鈦榴石（森本榴石）	Morimotoite	$Ca_3TiFe^{2+}(SiO_4)_3$	岡山縣高梁市布賀礦山
75	1995	武田石	Takedaite	$Ca_3B_2O_6$	岡山縣高梁市布賀礦山
76	1998	岡山石	Okayamalite	$Ca_2B_2SiO_7$	岡山縣高梁市布賀礦山
77	1998	副硼氫鈣石	Parasibirskite	$CaHBO_3$	岡山縣高梁市布賀礦山
78	1998	津輕礦	Tsugaruite	$Pb_{28}As_{15}S_{50}Cl$	青森縣湯之澤礦山
79	1998	原鐵直閃石	Proto-ferro-anthophyllite	$(Fe^{2+},Mn^{2+})_2Fe^{2+}_5Si_8O_{22}$ $(OH)_2$	岐阜縣中津川市蛭川*
80	1998	原鐵末野閃石	Proto-ferro-suenoite	$(Mn^{2+},Fe^{2+})_2Fe^{2+}_5Si_8O_{22}$ $(OH)_2$	栃木縣鹿沼市橫根山、 福島縣水晶山

發表年份		中文名	學名	化學式	原產地
81	1999	糸魚川石	Itoigawaite	$SrAl_2Si_2O_7(OH)_2 \cdot H_2O$	新潟縣糸魚川市青海町
82	1999	鎂福伊特電氣石	Magnesio-foitite	$Mg_2AlAl_6(BO_3)_3(Si_6O_{18})(OH)_3(OH)$	山梨縣山梨市京之澤
83	2000	釹弘三石	Kozoite-(Nd)	$Nd(CO_3)(OH)$	佐賀縣唐津市新木場
84	2000	多摩石	Tamaite	$(Ca,K,Ba,Na)_{3-4}Mn^{2+}_{24}$ $(Si,Al)_{40}(O,OH)_{112} \cdot 21H_2O$	東京都奧多摩町白丸礦山
85	2001	蓮華石	Rengeite	$Sr_4ZrTi_4(Si_2O_7)_2O_8$	新潟縣糸魚川市青海町
86	2002	副輝砷礦	Pararsenolamprite	As	大分縣向野礦山
87	2002	大峰石	Ominelite	$Fe^{2+}Al_3O_2(BO_3)(SiO_4)$	奈良縣天川村彌山川
88	2002	松原石	Matsubaraite	$Sr_4TiTi_4(Si_2O_7)_2O_8$	新潟縣糸魚川市青海町
89	2002	鉀鐵利克閃石	Potassic-ferri-leakeite	$(K,Na)Na_2Mg_2Fe^{3+}_2LiSi_8$ $O_{22}(OH)_2$	岩手縣田野畑礦山
90	2003	海神石	Watatsumiite	$KNa_2LiMn_2V^{4+}_2Si_8O_{24}$	岩手縣田野畑礦山
91	2003	新潟石	Niigataite	$CaSrAlAl_2(SiO_4)(Si_2O_7)O(OH)$	新潟縣糸魚川市青海町
92	2003	原直閃石	Proto-anthophyllite	$Mg_2Mg_5Si_8O_{22}(OH)_2$	岡山縣高瀨礦山
93	2003	鑭弘三石	Kozoite-(La)	$La(CO_3)(OH)$	佐賀縣唐津市滿越
94	2004	白水雲母	Shirozulite	$KMn^{2+}_3(Si_3Al)O_{10}(OH)_2$	愛知縣田口礦山
95	2004	定永閃石	Sadanagaite	$NaCa_2(Mg,Fe^{2+})_3(Al,Fe^{3+})_2(Si_5Al_3)O_{22}(OH)_2$	岐阜縣揖斐川町河合
96	2004	東京石	Tokyoite	$Ba_2Mn^{3+}(V^{5+}O_4)_2(OH)$	東京都奧多摩町白丸礦山
97	2005	硫錸礦	Rhenite	ReS_2	北海道擇捉島
98	2005	綠金雲母	Aspidolite	$NaMg_3(Si_3Al)O_{10}(OH)_2$	岐阜縣揖斐川町春日礦山
99	2006	岩代石	Iwashiroite-(Y)	$YTaO_4$	福島縣川俁町水晶山
100	2007	矽鈹鈰礦	Hingganite-(Ce)	$(Ce,Y)_2Be_2Si_2O_8(OH)_2$	岐阜縣中津川市田原
101	2007	沼野石	Numanoite	$Ca_4CuB_4O_6(OH)_6(CO_3)_2$	岡山縣高梁市布賀礦山
102	2007	大阪石	Osakaite	$Zn_4SO_4(OH)_6 \cdot 5H_2O$	大阪府箕面市平尾礦山
103	2008	菅木礦	Sugakiite	$Cu(Fe,Ni)_8S_8$	北海道樣似町幌滿
104	2008	上田石	Uedaite-(Ce)	$Mn^{2+}CeAl_2Fe^{2+}(SiO_4)$ $(Si_2O_7)O(OH)$	香川縣土庄町灘山
105	2008	鍶綠簾石	Epidote-(Sr)	$CaSrAl_2Fe^{3+}(SiO_4)(Si_2O_7)O(OH)$	高知縣穴內礦山
106	2008	宗像石	Munakataite	$Pb_2Cu_2(SeO_3)(SO_4)(OH)_4$	福岡縣宗像市河東礦山
107	2009	鉀鐵韭閃石	Potassic-ferro-pargasite	$KCa_2(Fe^{2+},Mg)_5(Si_6Al_2)O_{22}(OH)_2$	三重縣龜山市加太市場
108	2010	釹釩韋克石	Wakefieldite-(Nd)	$NdVO_4$	高知縣有瀨礦山
109	2010	桃井榴石	Momoiite	$(Mn,Ca)_3(V^{3+},Al)_2(SiO_4)_3$	愛媛縣鞍瀨礦山
110	2011	幌滿礦	Horomanite	$Fe_6Ni_3S_8$	北海道樣似町幌滿
111	2011	樣似礦	Samaniite	$Cu_2Fe_5Ni_2S_8$	北海道樣似町幌滿
112	2011	千葉石	Chibaite	$(SiO_2) \cdot n(CH_4,C_2H_6,C_3H_8,C_4H_{10})$ $n<3/17$	千葉縣南房總市荒川
113	2011	鋅鉛鐵礬	Beaverite-(Zn)	$PbZnFe^{3+}_2(SO_4)_2(OH)_6$	新潟縣三川礦山
114	2012	鉻韭閃石（愛媛閃石）	Chromio-pargasite	$NaCa_2Mg_4Cr(Si_6Al_2)O_{22}(OH)_2$	愛媛縣赤石礦山
115	2012	田野畑石	Tanohataite	$LiMn^{2+}_2Si_3O_8(OH)$	岩手縣田野畑礦山
116	2012	水磷釔石	Rhabdophane-(Y)	$YPO_4 \cdot H_2O$	佐賀縣玄海町日出松
117	2012	宮久石	Miyahisaite	$(Sr,Ca)_2Ba_3(PO_4)_3F$	大分縣佐伯市下弘法礦山
118	2013	島崎石	Shimazakiite	$Ca_2B_2O_5$	岡山縣高梁市布賀礦山
119	2013	肥前石	Hizenite-(Y)	$Ca_2Y_6(CO_3)_{11} \cdot 14H_2O$	佐賀縣唐津市滿越
120	2013	高繩石	Takanawaite-(Y)	$Y(Ta,Nb)O_4$	愛媛縣高繩山
121	2013	伊勢礦	Iseite	$Mn^{2+}_2Mo^{4+}_3O_8$	三重縣伊勢市菖蒲
122	2013	箕面石	Minohlite	$(Cu,Zn)_7(SO_4)_2(OH)_{10} \cdot 8H_2O$	大阪府箕面市平尾礦山

發表年份		中文名	學名	化學式	原產地
123	2013	鑭釩褐簾石	Vanadoallanite-(La)	$CaLaV^{3+}AlFe^{2+}(SiO_4)(Si_2O_7)O(OH)$	三重縣伊勢市菖蒲
124	2014	氟矽鎂石	Magnesiorowlandite-(Y)	$Y_4(Mg,Fe^{2+})Si_4O_{14}F$	三重縣菰野町宗利谷
125	2014	足立電氣石	Adachiite	$CaFe^{2+}{}_3Al_6(BO_3)_3(Si_5AlO_{18})(OH)_3(OH)$	大分縣木浦礦山
126	2014	岩手石	Iwateite	$Na_2BaMn^{2+}(PO_4)_2$	岩手縣田野畑礦山
127	2015	鑭鐵赤坂石	Ferriakasakaite-(La)	$CaLaFe^{3+}AlMn^{2+}(SiO_4)(Si_2O_7)O(OH)$	三重縣伊勢市菖蒲
128	2015	鑭鐵安德石	Ferriandrosite-(La)	$Mn^{2+}LaFe^{3+}AlMn^{2+}(SiO_4)(Si_2O_7)O(OH)$	三重縣伊勢市菖蒲
129	2015	今吉石	Imayoshiite	$Ca_3Al(CO_3)[B(OH)_4](OH)_6 \cdot 12H_2O$	三重縣伊勢市施餓鬼谷
130	2015	三重石	Mieite-(Y)	$Y_4Ti(SiO_4)_2O(F,OH)_6$	三重縣菰野町宗利谷
131	2016	豐石	Bunnoite	$Mn^{2+}{}_6AlSi_6O_{18}(OH)_3$	高知縣日野町加茂山
132	2017	伊予石	Iyoite	$Mn^{2+}Cu^{2+}Cl(OH)_3$	愛媛縣伊方町大久
133	2017	三崎石	Misakiite	$Cu^{2+}{}_3Mn^{2+}Cl_2(OH)_6$	愛媛縣伊方町大久
134	2017	阿武石	Abuite	$CaAl_2(PO_4)_2F_2$	山口縣阿武町日之丸奈古礦山
135	2017	村上石	Murakamiite	$Ca_2LiSi_3O_8(OH)$	愛媛縣上島町岩城島
136	2018	神南石	Kannanite	$Ca_4Al_4(Mg,Al)(V^{5+}O_4)(SiO_4)_2(Si_3O_{10})(OH)_6$	愛媛縣大洲市神南山
137	2018	金汞礦	Aurihydrargyrumite	Au_6Hg_5	愛媛縣內子町五百木
138	2018	日立礦	Hitachiite	$Pb_5Bi_2Te_2S_6$	茨城縣日立礦山
139	2019	皆川礦	Minakawaite	$RhSb$	熊本縣美里町払川
140	2020	磷鑭銅石	Petersite-(La)	$(La,Ca)Cu^{2+}{}_6(PO_4)_3(OH)_6 \cdot 3H_2O$	三重縣熊野市紀和町大栗須
141	2020	千代子石	Chiyokoite	$Ca_3Si(CO_3)\{[B(OH)_4]_{0.5}(AsO_3)_{0.5}\}(OH)_6 \cdot 12H_2O$	岡山縣布賀礦山
142	2020	房總石	Bosoite	$SiO_2 \cdot nC_xH_{2x+2}$	千葉縣南房總市荒川
143	—	留萌礦	Rumoiite	$AuSn_2$	北海道初山別村初山別川
144	—	初山別礦	Shosanbetsuite	Ag_3Sn	北海道初山別村初山別川
145	—	三千年礦	Michitoshiite-(Cu)	$Rh(Cu_{1-x}Sb_x)$ $0<x<0.5$	熊本縣美里町払川
146	—	苫前礦	Tomamaeite	Cu_3Pt	北海道苫前町苫前海岸
147	—	鐵葡萄石	Ferriprehnite	$Ca_2Fe^{3+}(AlSi_3)O_{10}(OH)_2$	島根縣松江市古浦鼻

發表年分是論文等資料公開發表的年分，並非受到認定的年分。

＊：其中一個原產地（其他在國外）。

礦物名是目前被允許使用的名稱，有些在學會認定時的名稱已有所更動。

2. 日本新礦物的特徵

由於日本是由多樣化的地質體所構成，因此以國土面積比來說出產眾多種類的礦物。目前確認截至2021年5月為止約有1,390種礦物，不過包括委員會成立前的「有效物種」在內，「新礦物」總數為147種（表Ⅶ.1）。此外，有一些礦物雖然已被認定為新礦物，但會因日後定義的更改而不再屬於有效物種。在日本，鋁鹼礬與錳鐵礦分別有鈉明礬石-2c、錳鐵礦-Q的稱呼。氫氧矽磷灰石的原產地雖是埼玉縣秩父礦山，但在其被認定前收到了美國加州的產礦報告，並以磷灰石超族的定義為機，將原產地的處理消除（它就不再是日本的新礦物）。相反地，明明不被列入新礦物中，但憑藉沸石族的新定義而成為日本「新礦物」的是鈣毛沸石、鈉插晶沸石和鈣斜髮沸石。

若把這些「新礦物」按地質環境分類（表Ⅶ.2），便能看出其特徵。雖說在地質環境如何劃分上的意見眾說紛紜，但我認為太概略或太細緻都無法掌握礦物的特徵。在此，我們以第Ⅳ章表Ⅳ.1的產狀分類為基礎，並稍做一些修改。

變質、交替、蝕變作用的部分很多，裡頭的「錳礦床」最好拉出來劃分成另一類，畢竟在此發現了許多種類的新礦物。這種「錳礦床」主要來源是沉澱在深海海底的錳核，但因為部分錳礦床也富含鐵，所以有時也歸屬在「鐵錳礦床」的範疇下。另外，由於其多為層狀，因此又稱「變質層狀錳礦床」。這些主要是在侏羅紀的增積岩體中發展出來的。

儘管從「矽卡岩」裡發現25種新礦物，但其中13種都來自於岡山縣布賀地區。不僅是與火成岩接觸產生的高溫變質作用的影響，還有大量蘊含硼的熱液所帶來的交替作用，致使多種礦物在此誕生。

「輝玉岩」與「鈉長岩」伴隨區域變質岩或蛇紋岩而生，從這兩種礦物中，發現了以鍶或鋇為主成分的7種特殊矽酸鹽礦物，其中6種均產自新潟縣糸魚川地區。

▼日本新礦物的產狀（表 Ⅶ.2）

地質環境		新礦物				
火成作用	火成岩類	鋁鈣沸石	大隅石	鈣毛沸石	鈉插晶沸石	鋰鈉大隅石
		鈣斜髮沸石	矽鋰鈣石	水碳釔鈣石	釹弘三石	大峰石
		鑭弘三石	荳木礦	上田石	幌滿礦	樣似礦
		水磷釔石	肥前石	村上石		
	偉晶岩	鈮釔鈾礦	釔矽磷灰石	鈦稀金礦	水矽釔石	錳鋰雲母
		原鐵直閃石	原鐵末野閃石*	岩代石	矽鈹鈰礦	高繩石
		氟矽鎂石	三重石			
	熱液金屬 礦脈黑礦	脆硫鉍礦	銦黃錫礦	黃鐵銅礦	鋅黃錫礦	斜方藍輝銅礦
		硒碲鉍礦	銻雌黃	磷鉛鈾礦	硫錫鋅銅礦	豐羽礦
		渡邊礦	津輕礦	副輝砷礦		
	火山噴氣	三笠石	硫銖礦			
沉積作用	沉積岩	水磷鈾礦	絲狀鋁英石			
	沉積物（砂礦）	自然釕	釕鋨銥礦	金汞礦	皆川礦	三千年礦
		留萌礦	初山別礦	苫前礦		
變質、交替、 蝕變作用	錳礦床	矽鈦錳鋇石	斜矽錳石	硼錳石	鐵錳鈉閃石	蝕薔薇輝石
		斜錳輝石	纖矽釩鋇石	鋇鎂脆雲母	矽鐵鎂鈉石	錳綠纖石
		矽釩鍶石	矽釩鋇石	矽錳鋰鈉石	橙黃纖石	原鐵末野閃石*
		多摩石	鉀鐵利克閃石	海神石	白水雲母	東京石
		鍶綠簾石	釹釩韋克石	桃井榴石	田野畑石	宮久石
		伊勢礦	鑭釩褐簾石	岩手石	鑭鐵赤坂石	鑭鐵安德石
		豐石	神南石			
	矽卡岩礦床	水鈣黃長石	氟碳矽鈣石	三方碲鉍礦	英輝玄武岩	水硼矽鈣石
		鋁黃長石	鈉魚眼石	鉀鐵定永閃石	鉀定永閃石	鉬鐵礦
		逸見石	單斜雪矽鈣石	和田石	草地礦	鈣鈦榴石
		武田石	岡山石	副硼氫鈣石	定永閃石	綠金雲母
		沼野石	鉀鐵韭閃石	島崎石	足立電氣石	千代子石
	區域變質岩（礦床）	銨白榴石	鉻韭閃石	日立礦		
	變超鎂鐵～長英質岩	水矽鈦鍶石	鍶矽鈦鈉石	銨白雲母	鍶鈉長石	糸魚川石
		鎂福伊特電氣石	蓮華石	松原石	新潟石	原直閃石
		千葉石	今吉石	阿武石	房總石	鐵葡萄石
氧化、風化作用	次生礦物	鈣錳礦	碲銅石	副砷鐵礦	鋁銅鉛礬	錳鈉鉀石
		四方纖鐵礦	塔錳礦	水碳銅礬	五水錳礬	褐碲鐵礦
		黃鋁錳礬	大阪石	宗像石	鋅鉛鐵礬	箕面石
		伊予石	三崎石	磷鑭銅石		

*：有兩種產狀。

3. 五種日本新礦物

　　此處我們選出五種日本產出的新礦物，
並稍微詳盡地予以解說。

水碳釔鈣石（木村石）
Kimuraite-(Y)

■ 化學式：$CaY_2(CO_3)_4·6H_2O$
■ 晶　系：直方晶系
■ 比　重：3.0

鑑定要素

解理	單一方向	**磁性**	無
光澤	珍珠（解理面）～絲絹（與解理面正交的方向）	**晶面**	板狀晶體，觀察不到清楚的晶面
硬度	2½（較脆）	**條紋**	無
顏色	白～淡粉色（稍微含釹的關係，在太陽光下很明顯）		
條痕顏色	白		

可在鹼性玄武岩的空隙之中看見。原產地是佐賀縣肥前町（現唐津市）切木，但在廣泛分布相同岩石的東松浦半島各地也經常發現。尤其是在唐津市新木場、同滿越、玄海町日出松等地產出巨大的結晶集合體。

已知集合體屬於球狀，直徑超過4公分以上。母岩明明是普通的鹼性玄武岩，但卻發現只在其空隙中有主成分是稀土元素的礦物。

釹弘三石、鑭弘三石、水磷釔石、肥前石也都是產自這塊地區的新礦物。「木村」一名取自無機化學分析的大師木村健二郎老師。發現初期還以為是沸石類的成員（此地區的鹼性玄武岩空隙產沸石這點眾所周知），是從其因稀鹽酸冒泡融解才知道這種礦物屬於碳酸鹽的特異種。另外，由於並未發現其他稀土元素含量比釔多的水碳釔鈣石，所以不必特意將其和名取作釔木村石。

■ 水碳釔鈣石

左右長度：約50mm
產地：佐賀縣唐津市切木

左上角可看到球狀集合體
和皮殼狀截面的是水碳釔
鈣石。右下粉紅色的板狀
晶群則是鈥碳鑭石。

■ 水碳釔鈣石

左右長度：約45mm
產地：佐賀縣玄海町
　　　日出松

淡粉色的葉狀集合體是水
碳釔鈣石。上面看起來類
似白色球狀的是霰石。

矽釩鋇石（鈴木石）*Suzukiite*

鑑定要素

解理	單一方向
光澤	玻璃
硬度	$4 \sim 4\frac{1}{2}$
顏色	鮮綠
條痕顏色	淡綠

磁性	無
晶面	板狀晶體，觀察不到清楚的晶面
條紋	有

產於受到變質與交替作用影響的錳礦床，鮮豔的綠色很好辨認。伴生薔薇輝石、石英和菱錳礦，不會伴隨黑錳礦或錳橄欖石而生。原產地是岩手縣田野畑礦山與群馬縣茂倉澤礦山，已知其他還有3個產地。用鍶取代鋇的類型稱為矽釩鍶石（原田石），產狀跟外觀均雷同，所以無法以肉眼區分。顏色的成因是四價釩。只不過未曾聽聞在同一產地同時出現上述兩者的報告。

「鈴木」一名取自岩石礦床學大師鈴木醇老師。他與原田石的原田準平老師曾在同個時期以教授的身份活躍於北海道大學。鋇的離子半徑比鍶還大，晶格也較大。換句話說，鈴木石的體格比原田石更大。原田老師的身材普通，鈴木老師則是個身材魁梧的柔道家，所以這可說是一個絕妙的命名。

■ 矽釩鋇石

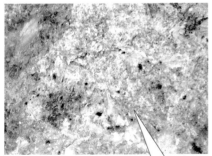

左右長度：約40mm
產地：群馬縣桐生市
　　　茂倉澤礦山

粉紅色的部分主要是薔薇輝石。偏白色的部分則是菱錳礦。

■ 矽釩鋇石

左右長度：約20mm
產地：岩手縣田野畑村
　　　田野畑礦山

呈現鮮豔綠色的葉狀晶體。

原鐵末野閃石 *Proto - ferro - suenoite*

化學式：$(Mn^{2+},Fe^{2+})_2Fe^{2+}_5Si_8O_{22}(OH)_2$
晶　系：直方晶系
比　重：3.4

鑑定要素

解理	兩組方向
光澤	絲絹
硬度	5～6
顏色	淺黃棕～淺黃綠
條痕顏色	白～帶淺黃綠

磁性	不明
晶面	柱狀至纖維狀的晶體，觀察不到清楚的晶面
條紋	有（與 c 軸軸向平行）

從受到變質與交替作用影響的錳礦床（栃木縣日瓢礦山）和偉晶岩（福島縣水晶山）中發現的角閃石成員。以柱狀至針狀晶體的集合體的形式生長。角閃石大部分都是單斜晶系，若將其單位晶格的 b-c 面當成雙晶面，使雙晶結構交互作用，整體來看便能將其視為 a 軸軸向加倍的直方晶格來處理。這是過去所知道的直方晶系角閃石。然而我們知道理論上已有更簡單的直方晶系角閃石形成方式，所以其被稱為原型角閃石。

第一位確認原型角閃石作為礦物存在的是筑波大學的末野重穗老師。雖然晶體結構的論文已發表在國際期刊上，但在記述論文發表前，老師就突然仙逝了。後來曾受老師教導的黑澤正紀完成了記述論文，但當時的礦物名稱是原錳鐵直閃石。日後角閃石超族被重新定義，為了藉此紀念老師的成就，便對傳統直方晶系的 $Mn^{2+}_2Mg_5Si_8O_{22}(OH)_2$ 賦予新的根名 suenoite。於是新的礦物名就變成了原鐵末野閃石。雖然自己發表的新礦物不能以自己的名字命名，但也有過這樣的情況。附帶一提，日本變質交替錳礦床盛產的單斜晶系結晶 $Mn^{2+}_2Mg_5Si_8O_{22}(OH)_2$ 名叫錳褐閃石，不過它必然會成為一種單斜末野閃石。另外，鐵比鎂多的 $Mn^{2+}_2Fe^{2+}_5Si_8O_{22}(OH)_2$ 稱作錳鐵閃石，這也會變成單斜末野閃石。只是肉眼無法區分這一系列末野閃石成員的差別。

日瓢礦山的原鐵末野閃石主要與三斜錳輝石密切共存，水晶山的則是跟鐵橄欖石比鄰共存。

■ 原鐵末野閃石

淺黃棕色纖維晶體的集合體。粉紅色的部分是三斜錳輝石。

左右長度：約20mm
產地：栃木縣鹿沼市
　　　日瓢礦山

■ 原鐵末野閃石

板柱狀晶體的集合體。基質的黑色部分主要是鐵橄欖石。

左右長度：約10mm
產地：福島縣川俁町
　　　水晶山

副砷鐵礦 *Parasymplesite*

化學式：$Fe^{2+}_3(As^{5+}O_4)_2 \cdot 8H_2O$
- 晶　系：單斜晶系
- 比　重：3.0

鑑定要素

解理	單一方向
光澤	玻璃、珍珠（解理面）
硬度	2½
顏色	無～淺綠～深藍
條痕顏色	白～帶藍

磁性	無
晶面	菱形、矩形或梯形等
條紋	有（與 c 軸軸向平行）

透過含有砷黃鐵礦或直砷鐵礦的礦石分解後產生的次生礦物，大分縣木浦礦山是其原產地，不過日本各地有很多產地。三斜晶系的晶體是最先為人所知的，因為其已經取了 Symplesite（砷鐵礦）這個種名，所以該礦石在種名上加了 Para（副）區分。以磷取代砷的類型是藍鐵礦（於第 III 章介紹），與其相同，這種礦石的顏色也會因鐵氧化而變為淺綠至深藍色，只是它的變色速度比藍鐵礦還慢。研究色彩濃豔的副砷鐵礦的結晶學數據，發現一種砷鐵礦型的礦物。不過這種礦物的化學結構已經改變（主成分的二價鐵大多氧化成三價鐵），所以正確說來並非與砷鐵礦相同。亦或者，也有可能是砷鐵礦的化學結構本來就不正確。藍鐵礦氧化後形成的三斜晶系礦物稱作變藍鐵礦，以化學式 $Fe^{2+}(Fe^{3+},Fe^{2+})_2(PO_4)_2(OH,H_2O) \cdot 6H_2O$ 表示。從上述事實觀之，正確的砷鐵礦化學式應該是 $Fe^{2+}(Fe^{3+},Fe^{2+})_2(AsO_4)_2(OH,H_2O) \cdot 6H_2O$（副砷鐵礦與砷鐵礦不再是同質多形的關係！）。

■ 副砷鐵礦

左右長度：約 15mm
產地：大分縣佐伯市　木浦礦山

沒有氧化，帶有透明感的結晶。基底的粒狀晶群是臭蔥石。

■ 副砷鐵礦

左右長度：約 10mm
產地：岐阜縣中津川市　惠比壽礦山

開始氧化並逐漸蝕變成深藍色的放射狀集合體。

宗像石 *Munakataite*

化學式：$Pb_2Cu_2(Se^{4+}O_3)(SO_4)(OH)_4$
- 晶　系：單斜晶系
- 比　重：5.5

鑑定要素

解理	單一方向
光澤	玻璃、珍珠（解理面）
硬度	2
顏色	亮藍
條痕顏色	帶藍白

磁性	無
晶面	因為是針狀晶體，所以無法觀察
條紋	不明

藉由方鉛礦（內含少量的硒）與黃銅礦的氧化分解而生的亞硒酸鹽次生礦物，原產地是福岡縣宗像市的河東礦山。靜岡縣河津礦山及秋田縣龜山盛礦山也確定有出產這種礦物。晶體結構相近的青鉛礦（於第 III 章介紹）是非常大眾的次生礦物，有很多各式各樣的形態。其中針狀的類型跟宗像石十分相似，很難以肉眼區分。

通常方鉛礦中的硒（取代硫）的含量很少，即使分解也不至於產生亞硒酸鹽或硒酸鹽。幸虧有方鉛鈗恰好含有一定量的硒，才形成了宗像石。倘若當時硒再高一點，說不定形成的是硒銅鉛礦（$Pb_2Cu_2(Se^{4+}O_3)(Se^{6+}O_4)(OH)_4$）。

■ 宗像石

左右長度：約5mm
產地：福岡縣宗像市
　　　河東礦山

板針狀細小晶體的集合體。綠色部分是孔雀石。

■ 宗像石

左右長度：約10mm
產地：秋田縣大仙市
　　　龜山盛礦山

細小晶體在孔雀石上聚集，形成一個球體。

272

致謝辭

在出版本書的過程中，感謝許多朋友提供了寶貴的攝影標本、產地導覽、分析數據等資料。下面，我要感謝在過去這10年左右，特別是在很多方面與我合作的所有人（按五十音排序，省略敬稱與隸屬單位）：

石橋隆、伊藤剛、今井裕之、岩野庄市朗、小原祥裕、加藤昭、川崎雅之、興野喜宣、小菅康寬、國立科學博物館（櫻井礦物標本等）、齊藤俊一、坂本憲仁、重岡昌子、鈴木保光、高橋秀介、但馬秀政、橘有三、谷健一郎、德本明子、西久保勝己、西田勝一、橋本悅雄、橋本成弘、林政彥、原田明、原田誠治、松山文彥、宮島宏、宮脇律郎、毛利孝明、門馬綱一、山田隆。

以下列出我主要參考的文獻資料：

《圖說礦物自然史》松原聰、宮脇律郎、門馬綱一著　秀和SYSTEM（2016年出版）

《關於產自大分縣尾平礦山的水晶中發現的櫻式結構》岡田敏朗等人　日本礦物科學會2016年年會演講摘要（2016年出版）

《日本出產的礦物種　第六版》松原聰著　礦物資訊（2013年出版）

《認識世界礦物：50種生活息息相關的重要礦物》松原聰、宮脇律郎著，陳盈燕譯　晨星

《礦物晶體圖鑑》松原聰監修／野呂輝雄著　東海大學出版會（2013年出版）

《礦物與寶石的魅力》松原聰、宮脇律郎著　SB Creative（2007年出版）

《3小時讀通週期表》齋藤勝裕著，曾心怡譯　世茂

《日本產礦物的晶體形態》高田雅介著　《偉晶岩情報誌》第100期紀念出版品（2010年出版）

《入門結晶化學》庄野安彥、床次正安著　內田老鶴圃（2002年出版）

《礦物觀察》加藤昭／加藤昭老師退休紀念會著　明倫館書店（1997年出版）

《新版地球科學事典》新版地球科學事典編輯委員會編著　平凡社（1996年出版）

《化學辭典》大木道則等人編輯　東京化學同人（1994年出版）

《礦物學與光性礦物學》Dyar等人著　美國礦物學會（2007年出版）

《史特倫茲礦物分類表》Strunz & Nickel著　E.Schweizerbart'sche Verlagsbuchhandlung（2001年出版）

《達那的新礦物學》Gaines等人著　約翰威立（1997年出版）

2021年8月　作者

索引

index

※注　獨立物種與元素符號的首字字母大寫。

中文順序

◆二十一～二十七劃

【作者簡歷】

松原 聰（Matsubara Satoshi）

1946年生。京都大學研究所理學研究科碩士課程修畢，理學博士。原日本國立科學博物館研究管理師，前地球科學研究部長。前日本礦物科學會會長。

主要著作：《地球礦物小圖鑑：跟著可愛角色學習，見識見識地球有多厲害！》（瑞昇）、《認識世界礦物：50種生活息息相關的重要礦物》（晨星）、《天然石與寶石鑑賞圖鑑》（楓書坊）、《礦物‧寶石大圖鑑》（楓葉社文化）等。

國家圖書館出版品預行編目(CIP)資料

礦物圖鑑事典：120種主要礦物×400張高清圖片，專家教你用放大鏡和條痕顏色鑑定礦物 / 松原聰作；劉宸瑀、高詹燦譯. -- 初版. -- 臺北市：臺灣東販股份有限公司, 2022.07
284 面；14.8×21 公分
ISBN 978-626-329-262-8（平裝）

1.CST: 礦物學

357   111007750

ZUSETSU KOUBUTSU NIKUGAN
KANTEI JITEN [DAI 2 HAN]
© SATOSHI MATSUBARA 2021
Originally published in Japan in 2021
by SHUWA SYSTEM CO., LTD., TOKYO.
Traditional Chinese translation rights arranged with
SHUWA SYSTEM CO., LTD., TOKYO,
through TOHAN CORPORATION, TOKYO.

礦物圖鑑事典
120種主要礦物×400張高清圖片，
專家教你用放大鏡和條痕顏色鑑定礦物

2022年7月1日初版第一刷發行
2024年7月1日初版第三刷發行

作　　　者	松原聰
譯　　　者	劉宸瑀、高詹燦
編　　　輯	吳元晴
美 術 編 輯	黃郁琇
發 行 人	若森稔雄
發 行 所	台灣東販股份有限公司
	＜地址＞台北市南京東路4段130號2F-1
	＜電話＞(02)2577-8878
	＜傳真＞(02)2577-8896
	＜網址＞www.tohan.com.tw
郵 撥 帳 號	1405049-4
法 律 顧 問	蕭雄淋律師
總 經 銷	聯合發行股份有限公司
	＜電話＞(02)2917-8022

TOHAN